KB128297

에덜먼이 들려주는 뇌 과학 이야기

에덜먼이 들려주는 뇌 과학 이야기

초판 1쇄 발행일 | 2010년 9월 1일
초판 12쇄 발행일 | 2021년 1월 5일

지은이 | 이흥우
펴낸이 | 정은영
펴낸곳 | (주)자음과모음

출판등록 | 2001년 11월 28일 제2001-000259호
주   소 | 04047 서울시 마포구 양화로6길 49
전   화 | 편집부 (02)324-2347, 경영지원부 (02)325-6047
팩   스 | 편집부 (02)324-2348, 경영지원부 (02)2648-1311
e-mail | jamoteen@jamobook.com

ISBN 978-89-544-2207-9 (44400)

• 잘못된 책은 교환해드립니다.

에덜먼이 들려주는

뇌 과학
이야기

| 이흥우 지음 |

㈜자음과모음

에덜먼을 꿈꾸는 청소년들을 위한
'뇌 과학' 이야기

　뇌는 또 하나의 우주입니다. 그곳은 밤하늘의 우주처럼 신비롭습니다. 우리 인간은 지구상의 다른 생물과는 비교도 할 수 없는 놀라운 능력을 가지고 있습니다. 그 능력은 뇌에서 나옵니다. 인간의 능력이 놀라운 만큼 우리 뇌의 능력도 경이롭습니다. 오늘날 우리 인간이 이뤄 놓은 과학 문명은 뇌의 능력을 잘 보여 주고 있답니다.

　아직 우리는 뇌에서 일어나는 일을 잘 모릅니다. DNA를 발견하고, 유전자를 조작하고, 동물을 복제하는 시대가 되었지만 아직 뇌는 미지의 세계입니다. 그만큼 뇌가 하는 일이 간단하지 않기 때문입니다. 하지만 최근에는 여러 학자들이

애쓴 결과 뇌의 신비가 하나둘 밝혀지고 있습니다. 뇌에 관해 연구하는 여러 학자 중 뇌의 신비에 대해 가장 깊은 이해를 하고 있는 학자는 아마도 에델먼일 것입니다. 에델먼은 뇌는 컴퓨터와 다르게 환경에 의해 변화해 간다고 말합니다.

뇌에 대해 아는 것은 우리 자신에 대해 아는 것과 마찬가지입니다. 우리의 마음과 생각이 그곳에서 생겨나기 때문입니다. 마음도 우리 뇌 안에 담겨 있습니다. 그래서 뇌를 탐색한다는 것은 마음에 대해 연구하는 것이고, 또 우리 자신에 대해 생각하는 것과 같습니다.

여러분은 이 책을 읽으면서 마음과 뇌의 관계에 대해 생각하는 기회를 갖게 될 것입니다. 또 뇌가 어떻게 생겼고 무엇으로 이뤄졌는지, 기억은 어떻게 일어나며 우리는 어떻게 보고 들을 수 있는지에 대해서도 공부하게 됩니다.

아무쪼록 이 책을 통해 뇌에 대한 지식과 안목을 갖추고, 아울러 건강하고 아름다운 마음을 갖기 위해 노력하는 여러분이 되었으면 하는 바람을 가져 봅니다.

끝으로 여러분이 읽기에 좋은 책으로 만들어 준 (주)자음과모음의 사장님과 편집진 여러분에게 고마움을 표합니다.

이 홍 우

차례

뇌가 왜 필요하지?

우리는 뇌를 가지고 있습니다.
그런데 뇌가 없는 생물도 있습니다.
뇌가 왜 필요한지 알아볼까요?

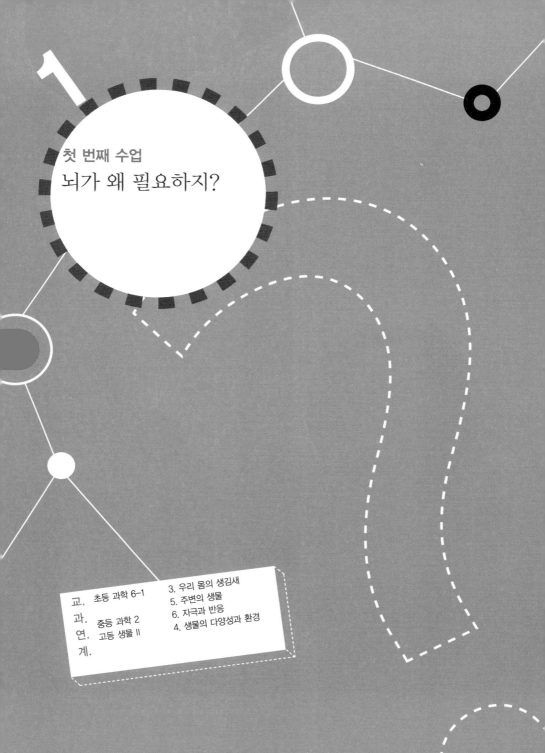

첫 번째 수업
뇌가 왜 필요하지?

에덜먼이 자신을 소개하며
첫 번째 수업을 시작했다.

여러분과 뇌에 대해 이야기하게 되어서 정말 기뻐요. 나는 2008년에 한국을 방문한 적이 있어요. 그래서 더욱 여러분과 친근한 느낌이 들고 뇌에 대해 좀 더 즐겁게 이야기할 수 있겠다는 생각이 드네요.

내가 1929년에 태어났으니 여러분은 나의 손자나 손녀의 나이라고 할 수 있겠네요. 할아버지에게 옛날이야기를 듣는다고 생각해도 좋을 것 같아요.

뇌의 세계는 우주 멀리 있는 별과 같이 알려지지 않은 미지의 세계랍니다. 과학이 눈부시게 발전하여 유전자를 조작하

는 시대가 되었지만 뇌에 관해서는 아직 잘 모르는 부분이 많
습니다. 하지만 한 걸음씩 뇌의 세계에 대해 알아 가고 있답
니다.

　사실 나는 처음부터 뇌 과학을 연구한 것은 아니었답니다.
지금은 뇌 과학자로 널리 이름이 알려져 있지만, 젊은 날에
는 주로 항체에 대한 연구를 하였지요. 여러분은 항체가 무
엇인지 알고 있나요? 항체란 병원체와 싸우는 물질로 우리
몸의 백혈구의 일종인 림프구가 만들어 내는 물질이랍니다.
나는 이 항체의 구조를 밝혀내어 1972년 동료인 포터
(Rodney Robert Porter, 1917~1985)와 노벨 생리 · 의학상
을 공동 수상했지요.

　노벨상을 탄 이후 다른 분야에 대해서도 연구하고 싶어졌

과학자의 비밀노트

포터(Rodney Robert Porter, 1917~1985)
영국의 생화학자로 1917년 잉글랜드 랭커셔에서 태어났다. 1948년 케임
브리지 대학교에서 박사 학위를 받았다. 1949년 국립의학연구소의 연구
원으로 일하였고, 1964년에는 왕립학회 회원이 되었다. 1967년 옥스퍼드
대학교 생화학 교수로 부임하여 면역 글로불린에 관한 분야의 연구 활동
을 하였다. 1972년 에델먼과 노벨 생리 · 의학상을 공동으로 수상하
였다.

답니다. 그래서 어릴 때부터 궁금증을 가졌던 뇌에 대해 연구하기 시작하였지요. 그리고 나의 연구 결과를 담은 책을 펴내어 뇌 과학자로 널리 알려지게 되었답니다. 내가 어떤 연구를 하였는지는 수업을 하는 동안 차츰 이야기해 가도록 해요. 자, 그럼 이야기를 시작해 볼까요?

뇌는 신경의 중심

초등학교 시절에 나는 들길을 따라 학교를 오갔어요. 그때 길가에 있는 풀을 보며 가끔 이런 생각을 했었지요. 풀도 우리처럼 생각을 할까? 우리처럼 기쁨과 슬픔을 느낄까? 소리를 들을 수 있을까? 내가 손을 대면 느낄까? 풀에도 우리와 같이 마음이 있을까?

또 길가에 쪼그리고 앉아 개미가 기어가는 모습을 보곤 했어요. 길가에는 아주 조그만 개미가 많았거든요. 개미는 항상 어딘가를 바쁘게 가곤 했지요. 개미를 보며 문득 궁금해졌어요. 개미는 어디로 가는 걸까? 먹이를 찾으러 돌아다니나? 자기가 가려는 곳을 알까? 세상을 어떤 모습으로 볼까? 사람의 눈에 비치는 세상과 같을까?

　이런 생각은 꼬리에 꼬리를 물고 떠올랐습니다. 이런 생각을 하다 보니 문득 '아! 나는 생각을 할 수 있구나!' 하고 깨닫게 되었답니다. 초등학교 시절이지만 생각은 뇌로 한다는 사실을 알고 있었지요. 하지만 마음은 어디에 있는지 궁금해졌습니다. 심장에 있는지, 뇌에 있는지, 아니면 온몸에 퍼져 있는지 정말 궁금했습니다. 이러한 궁금증이 나중에 나를 뇌 과학자로 만들었는지 모르겠습니다.

　자, 그럼 다시 뇌에 관한 이야기로 돌아가 보도록 하지요. 먼저 뇌가 무엇인지부터 살펴보도록 해요.

　여러분은 신경이 무엇인지 알고 있지요? 쉽게 생각하면 신경은 몸의 연락망이라고 생각하면 된답니다. 예를 들어, 발에 무엇이 닿으면 뇌는 금방 알아채요. 어떻게 알까요? 바로 발에서 뇌까지 이어져 있는 신경이 연락을 해 주었기 때문이지요. 그래서 흔히 신경은 우리 몸에 있는 전화선이라고도 해요. 신경에는 전화선과 같이 가늘고 긴 실이 많이 이어져 있거든요. 그 실을 따라 연락을 하는 거지요.

신경이 연결되어 있는 모습은 동물마다 서로 달라요. 먼저 히드라부터 볼까요? 그런데 여러분은 히드라가 무엇인지 알고 있나요? 크기는 1cm 정도로 연못이나 늪의 나무나 돌 등에 붙어사는 동물이지요. 팔처럼 여러 개 나 있는 촉수로 플랑크톤과 같은 먹이를 잡아먹는 가장 원시적인 동물 중 하나

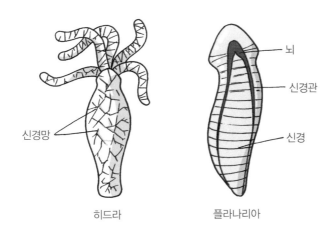

신경망

히드라

뇌

신경관

신경

플라나리아

예요. 히드라는 신경이 그물처럼 퍼져 있어 신경의 중심이 되는 곳이 없지요.

이번에는 플라나리아를 보세요. 신경이 사다리 모양이네요. 그런데 히드라와 크게 다른 점이 하나 있어요. 머리 쪽에 신경의 중심이 되는 부분이 있지요? 그곳을 우리는 뇌라고 부른답니다.

뇌란 무엇인가요? 신경의 일부분이며, 신경의 중심이 되는 부분입니다. 히드라에는 뇌가 없고, 플라나리아에는 있지요? 거머리나 곤충, 오징어에도 뇌가 있어요. 그런데 그 크기가 아주 작지요.

히드라는 먹이를 찾아 돌아다니지 않아요. 거의 한 자리에 붙어살며 지나가는 조그만 먹이를 촉수로 잡아먹어요. 즉 행동이 아주 단순합니다. 하지만 플라나리아는 먹이를 찾아 기어 다녀야 해요. 플라나리아도 몸의 구조가 아주 단순하지만 히드라보다는 복잡한 행동을 해요.

뇌가 필요한 이유

여기서 왜 뇌가 필요한지 힌트를 얻을 수 있습니다. 복잡한 행동을 하는 데는 뇌가 필요하다는 것이지요. 플라나리아를 보면 앞을 향해 움직이다가 방향을 바꾸기도 해요. 분명 플라나리아의 몸에는 이러한 행동을 조절하는 부분이 있다는 것을 알 수 있지요.

이제 식물에는 왜 뇌가 없어도 되는지 알 수 있을 것 같네요. 식물은 돌아다니지 않아요. 먹이를 잡아먹지도 않지요. 식물은 스스로 광합성을 하고, 뿌리로 물과 양분을 흡수하며 살아가요. 먹이를 잡기 위해 몸을 움직이지 않아도 되니까 먹이가 지나가는지를 알아차리기 위한 신경이 필요하지도 않아요. 또한 먹이를 먹지 않으니 소화관도 필요 없어요. 먹이를 찾기 위한 눈이나 귀도 필요 없고요. 식물의 몸 안에는 양분이 지나다니는 관만 있으면 돼요. 그래서 식물의 구조는 동물에 비해 단순해도 되는 셈이지요.

하지만 동물은 달라요. 늘 먹이를 찾아야 하고, 먹이를 잡아야 하고, 소화를 시켜야 하고……. 그래서 동물은 몸이 복잡해요. 근육이 필요하고, 신경이 필요하고, 감각 기관도 필요하고, 소화관도 필요하지요. 그래서 동물은 이 모든 기관을 조절하기 위해 뇌가 필요하답니다.

뇌란 우리 몸을 조절하기 위한 중앙 통제 장치라고 할 수 있답니다. 그래서 행동이 복잡할수록 통제하고 조절할 게 많

아지게 되니 발달한 뇌가 필요할 거라는 사실을 알 수 있지요. 복잡한 활동을 하는 생물일수록 뇌가 발달되어 있다는 것이지요.

이제 우리 사람에게 관심을 돌려 보도록 하지요. 사람이 다른 동물과 다르다는 사실을 우리는 알고 있어요. 그럼 사람은 다른 동물과 어떤 점이 다를까요? 밥을 먹고, 숨을 쉬고, 배설하고, 움직이는 것은 다른 동물과 크게 다르지 않아요. 그래서 사람도 동물의 한 종류로 분류되지요.

하지만 사람을 그저 동물이라고 하기에는 무척 신비로운

부분이 많아요. 뭔가 특별한 점이 있는 게 분명해요. 사람이 다른 동물과 구분되는 것은 생각하는 능력과 감정의 다양함일 거예요. 좀 어렵나요? 좀 더 자세히 생각해 볼까요?

사람은 말, 즉 언어를 가지고 있지요. 다른 동물도 언어가 있을 수 있지만 아주 단순하다고 봐요. 인간처럼 복잡한 언어를 가지고 서로 생각이나 감정을 주고받는 동물은 없어요. 글로 시와 소설을 쓰기도 하고요. 우리에게 언어가 없었다면 지금처럼 발달한 문명을 이루지 못할 것입니다. 그러한 언어 능력은 발달한 뇌가 있어 갖게 되는 것이지요.

게다가 사람은 예술적인 감각도 가지고 있지요. 다른 동물은 어떤가요? 예술을 통해 자기의 감정과 생각을 드러내는 행위를 다른 동물에게는 기대할 수 없지요. 그림을 그리거나 음악을 연주하고, 예술을 감상하는 것은 분명 사람만이 갖는 능력입니다. 예술적인 능력 역시 사람의 뇌가 발달하였기 때문에 가능한 것이지요.

사람이 가지고 있는 사고력, 이성적인 판단 능력, 기억력, 감정의 표현 능력 등은 모두 사람을 사람답게 하는 능력입니다. 이러한 능력은 뇌가 발달하였기 때문에 가지고 있는 것이지요. 즉, 사람이 사람다운 것은 발달한 뇌가 있기 때문입니다.

뇌의 세계는 아직 미지의 세계랍니다. 뇌가 사람이 하는 모든 일을 조절하는 기관이라는 점을 생각할 때 뇌에서 일어나는 일이 얼마나 복잡할지는 짐작이 가지요. 아직 뇌에 대해서 잘 모르는 것은 그만큼 뇌가 일하는 방법이 복잡하다는 점을 말해 줍니다.

　뇌를 연구한다는 것은 곧 우리 인간을 연구하는 일입니다. 신비로운 뇌! 이제 본격적으로 뇌의 세계로 여행을 떠나도록 해요.

뇌, 어떻게 생겼지?

우리는 발달한 뇌를 가지고 있기에 다른 동물과 구분됩니다.
사람에게 특히 발달한 뇌는 무엇일까요?
뇌의 기본 구조를 알아봅시다.

2

두 번째 수업

뇌, 어떻게 생겼지?

에덜먼이 그림을 보여 주며
두 번째 수업을 시작했다.

우리 몸의 뇌와 척수

지난번 수업에서 뇌는 신경의 일부라고 했었지요? 사람의
뇌는 히드라나 플라나리아 같은 동물과 달리 아주 발달한 것
을 볼 수 있습니다. 특히 주름이 많다는 것도 알 수 있고요.

자, 사람의 신경과 뇌의 그림을 같이 보도록 해요.

다음에 나오는 그림을 보면 사람이 책을 들고 있네요. 인간
의 지적 능력을 표현하기 위해 일부러 책을 들고 있는 모습을
그린 듯해요. 사람은 발달한 뇌를 가지고 있기에 문자를 만

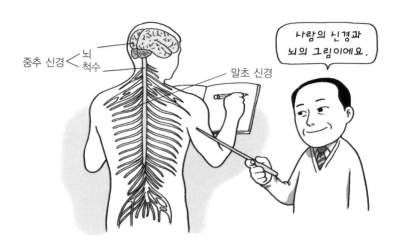

중추 신경 < 뇌
척수

말초 신경

사람의 신경과 뇌의 그림이에요.

들고 읽을 수 있는 거지요.

뇌에서 쭉 뻗어 내려가는 척수가 보입니다. 여러분 중에 척수하고 척추를 혼동하는 사람이 있나요? 척추는 등뼈이고, 척수는 신경이랍니다. 척수는 척추에 의해서 보호된답니다. 척추가 우리 몸의 기둥이라면, 척수는 우리 몸의 신경 고속도로라고 할 수 있어요. 얼굴을 제외하고 몸에서 올라가거나 뇌에서 내려가는 정보는 척수라는 고속 도로로 오고 가지요.

교통사고로 척수를 다치면 다친 부분의 아래에서 올라오는 정보는 뇌에 전달되지 못하고, 또한 그 부분 아래로는 뇌의 명령이 전달되지 않는답니다. 우리는 이런 상태를 '마비'라고 하지요. 즉, 척수를 다친 부분의 아래는 마비되어 느낄 수도 움직일 수도 없게 된답니다. 언젠가 국가 대표 여자 체조 선수가 운동 중에 목 부분의 척수를 다쳤다는 뉴스가 보도된 적이 있었어요. 그 체조 선수는 안타깝게도 목 아래 부분이 모두 마비되어 움직일 수도 느낄 수도 없게 되었답니다.

척수에서 양쪽으로 많은 신경 가지가 뻗어 나가는데, 이를 말초 신경이라고 해요. 뇌가 몸을 조절할 때는 뇌에서 명령을 내리면 척수를 거쳐 말초 신경으로 명령이 전달되지요. 손이나 발에 무엇이 닿았을 때 그 자극은 손이나 발에 연결된 말초 신경을 거쳐 척수를 지나 뇌에 전달된답니다.

이렇게 우리 몸의 신경은 몸을 조절하는 데 이용된답니다. 신경의 중심인 뇌가 명령을 내리면 척수와 말초 신경은 그 명령을 온몸으로 전달해 줍니다. 그래서 우리 몸은 하나의 개체로서 통일된 움직임이 생기는 것입니다.

뇌의 생김새

자, 이제 뇌의 생김새에 대해 좀 더 자세히 살펴보도록 하지요. 요즈음 자전거를 타는 사람이 많아졌어요. 자전거를 타는 사람들을 보면 머리에 헬멧을 쓴 것을 볼 수 있어요. 자전거뿐 아니라 오토바이를 타는 사람, 인라인스케이트를 타는 사람도 헬멧을 써요. 머리를 보호하기 위해서이지요.

여러분의 머리를 만져 봐요. 딱딱한 뼈가 만져지지요? 두개골이라고 부르는 뼈이지요. 왜 뇌가 딱딱한 뼈로 감싸져 있을까요? 그건 바로 뇌를 보호하기 위해서이지요. 여러분 해골 사진을 본 적이 있을 거예요. 머리뿐 아니라 눈 주위에 이르기까지 뼈로 되어 있는 것을 보았을 거예요.

만일 두개골이 없다면 어떨까요? 우리가 머리를 다른 물체에 부딪혔을 때 뇌가 상처를 받기 쉬울 거예요. 그러면 우리 몸의 통제 본부에 문제가 생겨요. 정말 큰일 날 일이지요. 뇌를 충격으로부터 보호하기 위한 장치는 또 있지요.

뇌는 물에 싸여 보호받고 있답니다. 두개골과 뇌 사이에 물이 있는 셈이지요. 뇌가 물에 떠 있다고나 할까요. 뇌의 주위에는 150mL 정도의 물이 있어 부딪혔을 때 충격이 덜하게 해 준답니다. 이는 마치 아이가 엄마의 배 속에 있을 때 '양수'라는 물속에 있어서 밖에서 오는 충격으로부터 보호되는 것과 같은 이치예요. 그 밖에도 뇌는 세 개의 막으로 싸여 있어 보호를 받는답니다.

그렇지만 머리를 물체에 부딪히지 않게 조심해야 돼요. 아무리 뼈와 물이 뇌를 보호한다고 해도 뇌에 충격이 가거든요. 그러니 자전거를 타거나 스케이트를 탈 때는 꼭 헬멧을 써야 된답니다.

사람 뇌의 무게는 1.4kg쯤 돼요. 몸무게의 2% 정도를 차지하지요. 뇌의 무게는 몸무게에 비해 아주 적지만 무시할 수 없지요. 나머지 몸을 조절하는 명령을 내리는 기관이니까요. 뇌가 몸에 비해 작지만 소비하는 산소량은 20% 정도 되어서 우리 몸의 근육이 사용하는 산소량과 맞먹어요.

산소 소비량이 뭐가 중요하냐고요? 우리 몸이 산소를 쓴다는 것은 그만큼 에너지를 쓴다는 말이 되지요. 왜냐하면 산소를 이용하여 우리가 먹은 영양소를 분해하고, 그때 에너지가 나오거든요. 뇌가 그렇게 많은 양의 산소를 소비한다는 말은 에너지가 그만큼 필요하다는 것이고, 이는 곧 뇌의 중요성을 말해 주는 것이지요. 뇌는 우리가 아무것도 하지 않을 때에도 활동한답니다. 우리 몸을 알맞게 조절하는 게 뇌이기 때문입니다.

그렇다고 동물 가운데 사람의 뇌가 가장 무거운 것은 아니랍니다. 뇌의 무게는 몸무게가 많이 나가는 동물일수록 더 크답니다. 큰 동물 하면 아마도 코끼리나 고래가 생각날 것입니다. 그런 동물은 사람의 뇌보다 몇 배나 무겁지요. 하지만 코끼리나 고래의 뇌가 사람보다 우수하다고는 할 수 없지요. 그럼 사람의 뇌는 왜 우수할까요?

그것은 기능이 좋기 때문이랍니다. 쉬운 예를 들어 보지요. 여러분은 모두 컴퓨터를 이용하지요? 컴퓨터가 처음 발명되었을 때는 굉장히 컸답니다. 당시 컴퓨터는 커다란 방이 꽉 찰 정도였지만, 지금 여러분이 사용하는 컴퓨터보다 훨씬 기능이 떨어지는 것이었습니다. 그 후에 컴퓨터의 성능이 계속 발달하였기 때문입니다. 여러분이 사용하는 휴대 전화도 마찬가지지요. 처음에 이동식 전화가 나왔을 때는 집 전화의 수화기만큼 컸지요. 하지만 기능은 지금 여러분이 이용하는 휴대 전화보다 훨씬 못했지요.

마찬가지로 뇌가 크다고 성능이 우수한 것은 아닙니다. 여

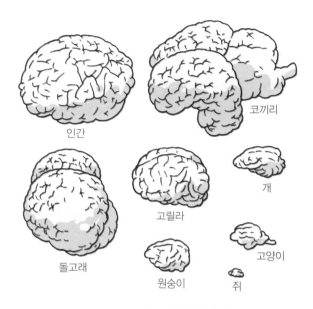

인간을 비롯한 갖가지 동물의 뇌

러분 친구 중에 머리가 유난히 큰 친구가 있나요? 그 친구가
정말로 두뇌가 우수한가요? 그럴 수도 있고, 그렇지 않을 수
도 있지요. 왜냐하면 성능이 문제이니까요.

　이제 사람의 전체적인 뇌 모양을 살펴보도록 해요. 지난 시
간에 사람이 동물과 같은 점을 말했었지요. 우리가 먹고, 숨
쉬고, 배설하고, 심장이 뛰는 것은 다른 동물과 같다고요. 사
람의 뇌에는 이러한 동물적인 특성을 조절하는 뇌가 있답니
다. 이 부분을 뇌간이라고 해요. 뇌간이라는 말은 뇌 안에 있

는 기둥, 혹은 줄기라는 의미이지요. 뇌간은 생명과 직결되는 부분이지요. 이 부분이 바로 살아가게 하는 뇌랍니다. 뇌간에는 연수(숨뇌)와 중간뇌 등이 포함된답니다.

하지만 사람에게는 사람을 사람답게 하는 뇌의 부분이 발달해 있답니다. 즉 대뇌이지요. 다른 동물은 대뇌의 발달이 아주 미미하답니다. 대뇌의 발달이 인간과 다른 동물을 구분하게 하는 거지요.

사람답게 하는 뇌, 살아가게 하는 뇌

뇌의 구조는 실제 아주 복잡하답니다. 하지만 여기서는 사람답게 하는 뇌와 살아가게 하는 뇌로 간단히 구분하도록 하지요. 여기서 살아가게 하는 뇌는 동물적인 특성을 나타내는 뇌를 말합니다. 우리가 먹고, 숨 쉬고, 배설하지 않는다면 살아갈 수 없기 때문입니다.

사람의 뇌를 가만히 살펴보면 살아가게 하는 뇌, 즉 동물적인 면을 조절하는 뇌는 아래쪽에 있답니다. 그리고 사람답게 하는 뇌, 즉 대뇌가 그것의 위를 덮고 있는 형태로 되어 있지요. 물론 사람답게 하는 뇌와 동물적인 뇌의 경계가 아주 또

렷한 것은 아니지요.

  뇌간이 동물적인 뇌라 하여 무시해서는 안 된답니다. 우리가 살아가는 데 꼭 필요한 뇌라고 할 수 있지요. 생각해 보세요. 우리가 먹은 밥을 소화시키고, 숨 쉬게 하고, 배설하게 하고, 심장이 뛰게 하는 등의 일이 얼마나 중요한지를요. 이러한 일을 할 수 없다면 우리가 살아갈 수조차 없어요. 만일 뇌의 이 부분을 다친다면 바로 죽게 되지요. 그러니 이러한 기능이 잘 이뤄지고 나서야 사람다움이 생각나게 되는 것이랍니다. 따라서 사람답게 하는 뇌가 더 중요하다고 할 수는 없지요. 모두가 필요한 뇌의 한 부분인 거예요.

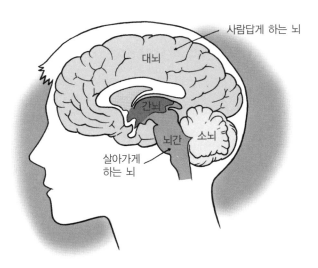

사람답게 하는 뇌

대뇌

간뇌

소뇌

뇌간

살아가게
하는 뇌

여러분 식물인간이라는 말을 들어본 적이 있나요? 교통사고를 당하여 식물인간이 되었다는 말을 들어본 적이 있을 거예요. 식물인간이란 대뇌가 손상된 경우를 말한답니다. 대뇌가 손상되면 일단 움직일 수가 없게 되지요. 사람의 움직임을 대뇌가 조절하거든요.

식물인간은 살아가게 하는 뇌만 작동하는 경우랍니다. 음식물을 넣어 주고 잘 보살펴 주면 죽지 않고 살 수 있지만, 움직일 수도 없고 의식도 없답니다. 그래서 식물처럼 움직이지 않는다는 뜻에서 식물인간이라는 말이 붙여졌지요. 식물인간이 있다는 것은 대뇌의 일부가 손상되어도 죽지 않고 살 수는 있다는 것을 의미하지요.

아이가 성장할 때 뇌가 발달하는 모습을 보면 대뇌의 기능을 분명하게 알 수 있지요. 갓난아이의 뇌 무게는 약 400g으로 어른의 $\frac{1}{4}$ 정도이지요. 그러나 1년이 지나면 배로 무거워지고, 세 살이 되면 1,000g 정도가 되지요.

갓 태어난 아이의 뇌는 살아가게 하는 뇌의 아랫부분 정도가 겨우 발달되어 있어요. 대뇌의 형태는 있지만 아직 기능이 온전하지 못한 상태이지요. 그래서 숨을 쉬거나 소화를 시키지만, 젖꼭지를 무는 반사 행동을 하거나 우는 등의 단순한 행동만 하지요. 물론 이때에는 엄마를 알아보지도 못하고요. 그러나 생후 7개월 정도가 지나면 살아가는 뇌의 거의 대부분이 발달해서 뒤집기, 기어 다니기, 앉기 등도 할 수 있게 되지요.

그러다가 대뇌가 발달하기 시작하면 서고, 걸으며, 나아가 복잡한 행동도 하게 되지요. 아이가 낯선 사람을 보고 우는 행동도 대뇌가 발달하여 사람을 알아보고, 기억하는 능력이 생기는 시기부터이지요. 아주 어릴 적에는 아무나 보고 잘 웃던 아이가 한두 살 먹어서는 몹시 낯을 가리고 울게 되는 것은 아주 자연스러운 일이라고 할 수 있어요. 오히려 낯가림이 없는 것이 더 이상하다고 할 수 있지요.

대뇌는 20세까지 발달을 계속하는 것으로 알려져 있어요. 동물 중에서 사람의 뇌가 가장 오랫동안 발달한다고 해요. 발달 기간이 긴 만큼 사람의 뇌가 우수한 게 아닐까요? 침팬지도 대뇌가 발달했지만 사람만큼 발달하지는 못했지요. 사람의 사람다움은 대뇌에서 오는 것이랍니다.

뇌를 이루는 세포

그러면 뇌는 무엇으로 이뤄져 있을까요? 우리 몸이 세포로 이루어져 있다는 것을 알고 있지요? 뇌 역시 세포로 되어 있는데, 뇌세포를 구성하는 것은 신경 세포입니다. 그렇다면 생각할 수 있는 세포가 있다는 것입니다. 정말 신기하지요?

먼저 신경 세포가 어떻게 생겼는지 보도록 해요. 자, 아래 그림을 보세요. 보통의 세포와는 모양이 참 다르죠?

세포의 중심에 핵이 있는 것이 보이네요. 그런데 이상하게 기다란 꼬리가 있고, 핵이 있는 부분에는 돌기가 나 있네요.

신경을 이루는 세포를 뉴런이라고 해요. 뉴런이란 이름은 밧줄처럼 생겨 붙여졌다고 해요. 그러면 뇌에는 뉴런이 몇 개나 있을까요? 정확히 알 수 없지만 1,000억 개 정도의 신경 세포가 있다는 게 일반적인 계산이에요.

자, 뉴런을 좀 더 자세히 살펴보도록 해요. 머리 부분을 보면 수상 돌기(가지 돌기)라는 것이 보이죠? 저 부분의 끝은 다른 뉴런의 신호를 받아들이는 부분이에요. 수상 돌기라는 말

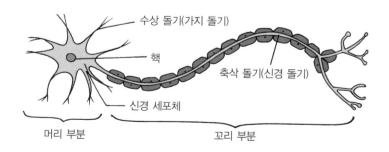

은 나뭇가지처럼 생겼다는 데서 왔지요. 그림에는 수상 돌기가 몇 개만 있지만 실제로 하나의 뉴런에서 다른 세포의 신호를 받아들이는 곳은 5,000개에서 1만 개 정도이지요. 하나의 신경 세포가 얼마나 많은 다른 신경 세포와 연결되는지를 생각하면 그저 놀라울 뿐이랍니다.

더 놀라운 점은 다른 신경 세포와 연결되는 부위는 변하지 않는 것이 아니라 생기기도 하고 없어지기도 한다는 사실입니다. 뇌가 활동을 많이 하면 더 많은 연결점이 생기고요. 또 노인이 되면 이러한 연결점의 수가 줄어든다고 해요. 할아버지나 할머니가 되면 새로운 것을 배우고 기억하는 일이 어려워지는 것도 이 때문일 거예요.

자, 이번에는 길게 나온 꼬리를 보도록 해요. 이 꼬리는 세포가 길게 늘어난 것이랍니다. 이 꼬리 부분은 팔다리를 지나는 기다란 신경을 이루기도 해요. 팔다리에 있는 것 중에는 긴 것은 1m가 넘는 것도 있지요. 물론 뇌를 이루는 것은 짧지만요. 축삭 돌기라고 부르는 이 꼬리 부분은 전화선으로 비유하기도 하지요. 머리 부분에서 생겨난 신호가 꼬리를 지나 다른 신경 세포로 전달되는 것이지요.

여기서 뇌의 기능에 대한 중요한 힌트를 하나 얻을 수 있네요. 바로 뉴런은 홀로 일하지 않는다는 사실이지요. 수많은 세포와 연결되어 정보를 주고받으면서 일을 하지요. 생각해 보세요. 하나의 뉴런이 그렇게 많은 통로를 통해 다른 세포와 연결되고, 또 다른 신경 세포도 그렇게 연결되고, 그래서 약 1,000억 개의 뉴런이 서로 연결되어 하나의 뇌를 이루어 가는 모습을요.

뇌가 아주 우수하다는 것은 바로 이러한 복잡한 연결망이 있다는 사실을 나타내는 말입니다. 여러분은 네트워크라는 말을 들어보았는지요. 이 말은 복잡하게 얽혀 있으면서 서로

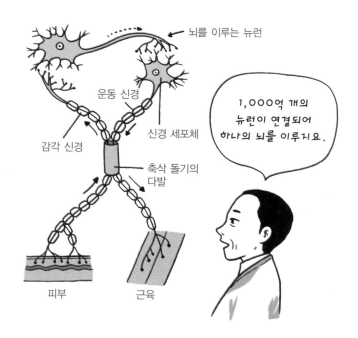

정보를 주고받을 수 있는 망을 말합니다. 뉴런은 서로 네트워크를 이루고 일을 하는 거랍니다. 약 1,000억 개의 신경 세포가 복잡한 연결망을 이루면서 무언가 신호를 순간적으로 주고받으며 일하는 광경을 상상해 보기 바랍니다. 그리고 이러한 연결망은 외부에서 들어오는 자극에 의해 수시로 변해 간답니다. 뇌는 석고상의 머리처럼 변화가 없는 게 아니라 서로 연결망을 바꾸면서 변해 가는 것이지요.

신경에 흐르는 전기 신호

좀 어려운 이야기이지만 신경 세포가 전하는 신호는 전기적인 신호랍니다. 축삭 돌기에서 이 전기적 신호가 전달되는 속력은 1초에 100m 정도랍니다.

여러분은 발에 무엇이 닿았다는 느낌이 오면 이미 발의 신경 세포에서 생겨난 전기적 신호가 뇌로 전달된 것입니다. 한번 실험을 해 보세요. 발을 연필로 한번 톡 건드려 보세요. 거의 동시에 느낌이 오지요? 하지만 그 느낌은 뇌에서 생겨나니 발에 연필이 닿는 것과 약간의 시차가 있답니다. 하지만 우리가 느끼질 못할 뿐이죠. 만일 우리의 발이 뇌에서

100m 떨어져 있다면 발을 건드린 느낌은 약 1초 후에 나타날 것입니다.

여러분 축구를 좋아하나요? 골키퍼가 페널티 킥은 잘 막지 못하죠? 그 이유는 공의 빠르기가 사람이 공을 보고 반응하는 시간보다 더 빠르게 골대까지 날아가기 때문이랍니다. 공이 날아오는 것을 보고 뇌에 연락하고, 다시 팔이나 다리로 공을 잡으라는 명령이 나가고, 그에 반응하여 팔다리를 움직이는 데는 시간이 걸리는 것이죠. 가끔 골키퍼가 페널티 킥 공을 막는 이유는 미리 예측을 하고 그 방향으로 몸을 움직였기 때문입니다.

자, 다시 우리의 신경 세포인 뉴런으로 돌아가 봅시다. 뉴런에서 전기 신호는 먼저 머리 쪽에서 생겨난답니다. 다른 세포로부터 연락을 받는 쪽이 수상 돌기이고, 연락을 받으면 머리 부분에서 전기 신호가 생겨나지요. 그 신호는 축삭 돌기를 따라간답니다. 그리고 신호는 축삭 돌기의 맨 마지막 부분까지 가게 되지요. 그런 다음에 다른 뉴런으로 신호가 전달된답니다.

전기 신호는 1초당 50~100회 정도 생겨나지요. 딱 한 번만 생겨나는 것이 아니랍니다. 예를 들어 볼게요. 우리의 손과 발에도 신경이 있어요. 손이나 발에 물체가 닿으면 그곳에 와 있는 신경에서 전기 신호가 생겨나요. 평소에는 전기 신호가 1초당 5회 정도 생겨나지만 자극이 셀수록 더 많은 신호가 생겨나지요. 그러니까 발을 살짝 건드리는 것보다 세게 건드리는 경우가 더 많은 전기 신호가 생겨나 뇌로 전달되지요. 그러면 뇌는 신호가 오는 횟수를 참고하여 '아, 어느 정도 세기의 자극이 오는구나!' 하고 판단하는 것이지요.

뇌 안에서도 이런 전기 신호가 계속 발생하지요. 우리가 생각하거나 말할 때, 무엇을 바라볼 때, 흥분할 때 등에 발생하는 것이죠. 뇌에서는 항상 이런 신호가 생겨나서 서로 주고받으며 활동을 하는 거랍니다.

뉴런과 뉴런 사이를 연락하는 화학 물질

그런데 하나의 뉴런에서 생겨난 신호는 다른 뉴런으로 어떻게 전달될까요? 하나의 뉴런은 다른 뉴런과 이어져 있을까요, 아니면 약간 떨어져 있을까요?

여러분은 전자 현미경에 대해 알고 있지요? 물체를 몇 만배 확대해서 볼 수 있는 현미경 말이에요. 전자 현미경이 발명되어서 뉴런과 뉴런 사이에 틈(시냅스)이 있는지 아니면 붙어 있는지 확인할 수 있게 되었지요.

유명한 생물학자인 골지(Camillo Golgi, 1844~1926)와 라몬이카할(Santiago Ramón y Cajal, 1852~1934)은 전자 현미경이 나오기 전에 서로 논쟁을 했어요. 1800년대 후반에 생겨난 일이지요. 골지는 뉴런과 뉴런은 서로 붙어 있다고 했고, 라몬이카할은 뉴런 사이에 약간 틈이 있다고 주장을 했지요. 결국 전자 현미경이 발견되고 나서야 뉴런과 뉴런 사이에 아주 작은 틈이 있다는 사실이 발견되었지요. 결국 라몬이카할의 주장이 옳았던 것이지요.

그러면 여기서 궁금한 점이 하나 생겨나요. 바로 뉴런과 뉴런 사이의 연락은 어떻게 일어나는 걸까요? 축삭 돌기를 따라 달려온 전기적 신호는 뉴런의 끝에서 더 이상 진행하지 못합니다. 마치 전선이 끊어지면 전기가 전달되지 않는 것과

과학자의 비밀노트

전자 현미경(electron microscope)
전자 현미경은 물체를 비출 때 빛 대신 전자빔(음극선)을 사용하는 기구이다. 보통 10만 배의 배율을 가진다. 주사 전자 현미경(SEM)과 투과 전자 현미경(TEM)이 있다. 가시광선보다 파장이 작은 전자를 시료에 쬐고, 시료와 상호 작용한 전자를 검출기로 다시 측정하여 화상을 구현한다.

마찬가지죠. 또 이렇게도 비유할 수 있어요. 자동차로 신나게 달려왔는데 갑자기 강이 나타난 것과 같은 경우이지요.

답은 화학 물질로 건너간다는 것이지요. 뉴런과 뉴런 사이의 연락은 화학 물질이 담당한답니다. 다시 정리해 볼까요? 전기 신호가 축삭 돌기를 따라 달려와요. 그러면 축삭 돌기의 마지막 부분에서는 어떤 연락 물질이 나와요. 그 물질이 다음 뉴런까지 가는 거예요. 다음 뉴런에서는 그 물질을 받아들이는 장치가 있지요. 그 신호를 받아들인 뉴런에서는 전기 신호가 다시 생겨나는 거지요. 그러면 다시 축삭 돌기까지 신호가 가고요. 이런 물질을 신경 전달 물질이라고 한답니다.

아까 하나의 뉴런이 다른 뉴런과 연결되는 부분이 5,000개

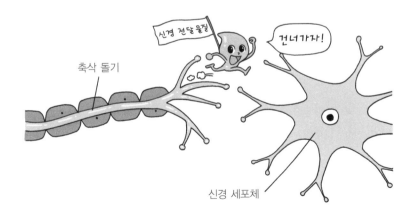

축삭 돌기

신경 전달 물질

건너가자!

신경 세포체

에서 1만 개 정도라고 했지요. 그 부분마다 작은 틈이 있는 것이지요. 그 틈 사이로 신경 전달 물질이 신호를 전달해 주지요. 그러니까 신경 전달 물질이 오는가 오지 않는가 하는 것은 각 뉴런이 활동하는 데 아주 큰 영향을 주는 거랍니다. 그리고 그런 영향이 모아져서 우리의 뇌 작용이 생겨납니다.

뇌 안에는 여러 가지 종류의 신경 전달 물질이 있답니다. 어떤 물질이 다른 뉴런으로 건너가느냐에 따라 그 물질을 받은 세포의 활동이 달라지는 것이지요. 마음이 기뻐지는 전달 물질도 있고, 잠이 오는 전달 물질도 있지요. 달리기를 하면 점점 기분이 상쾌해지는 것을 느끼게 되죠. 그것은 달리기를 하면 기분이 좋아지는 신경 전달 물질이 뇌에서 생겨나기 때문이에요. 많은 사람들이 달리기를 좋아하는 이유도 바로 그 때문이지요.

뉴런 사이에 약간의 틈이 있고 그 사이에서 신호를 전달하는 물질이 있다는 것은 좋은 일인 듯해요. 아까 뉴런의 전기 신호가 축삭 돌기 끝에서 멈추게 되는 것을 자동차가 달리다 강을 만나는 셈이라고 했지요. 자동차로 강을 건널 수는 없지요. 그러면 어떻게 하나요? 배로 건너가야 합니다. 배가 신경 전달 물질의 기능을 하는 겁니다. 그런데 여러 종류의 배가 있는 거예요. 그 배는 전달해야 할 내용에 따라 골라서 타게 되고요.

　다시 말해 전달 물질의 종류를 조절함으로써 다양한 전달이 이뤄진다는 것입니다. 흥분했을 때와 기분이 좋을 때 각각 다른 배를 골라서 타고 건너가는 거지요. 그러면 건너가는 배의 종류에 따라 강 건너에서는 다른 반응이 나타나게 되는 겁니다.

　자, 그런데 생각할 것이 하나 또 있네요. 만일 신경 전달 물질이 잘못 가면 어떻게 될까요? 그런 경우에는 뇌가 정상적인 생각이나 느낌을 가질 수 없답니다. 여러분 마약이라는 말 들어보았지요? 대부분의 마약은 가짜 신경 전달 물질이거나 신경 전달 물질이 전달되는 것을 방해하는 물질이랍니다.

　담배도 마찬가지예요. 담배에서 나오는 니코틴이 일종의 신경 전달 물질처럼 행동하는 거지요. 그러면 잠시 기분이 좋을지 몰라도 결과적으로는 뇌의 활동에 혼란이 온답니다.

　신경 전달 물질에 대해서는 다음에 다시 자세히 알아보도록 해요.

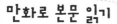

어서 명수의 뇌를 되찾아야 할 텐데….

뇌가 없으면 이렇게 움직이지도 못하는군요.

맞아요. 뇌는 신경의 일종으로 척수를 통해 명령을 전달해요. 그리고 척수에는 수많은 말초 신경이 뻗어 있지요.

아~, 척수는 고속 도로, 말초 신경은 작은 도로라고 보면 되겠네요.

맞아요. 하지만 지금 명수는 명령을 할 뇌가 없으니 움직일 수도, 뭔가를 보고 듣고 느낄 수도 없는 것이죠.

뇌는 정말 매우 중요한 부분이군요.

살금

살금

네, 그래서 머리를 잘 보호해야 해요.

그래서 자전거를 타거나 인라인스케이트를 탈 때는 꼭 헬멧을 써야 하는 거지요.

콕

그렇다면 어디 한번 니험을 해 볼까?

파 바 밧

앗! 명수가 움직이기 시작했어요!

훅

아니, 어떻게 이런 일이!

3

사람답게 하는 뇌, 대뇌

대뇌는 아주 많은 일을 하는데,
일의 종류마다 그 일을 담당하는 부분이 다릅니다.
대뇌를 이루는 부분들과 하는 일을 알아봅시다.

사람답게 하는 뇌, 대뇌

에덜먼이 수업 주제를 이야기하며
세 번째 수업을 시작했다.

각 부분마다 하는 일이 다른 대뇌

이번 시간에는 대뇌, 그러니까 사람을 사람답게 하는 뇌에
대해 이야기를 하도록 하지요. 특히 대뇌의 각 부분이 하는
일에 대해 이야기하도록 해요.

먼저 재미있는 이야기를 하나 들려줄게요. 1848년에 일어
난 일입니다. 미국에 철로 건설 현장에서 일을 하는 25세의
청년이 있었지요. 청년은 성실하고 책임감이 있는 사람이었
습니다. 그는 회사에서 신임을 받았고, 어려운 일을 도맡아

했답니다. 철로를 건설하려면 가끔 위험한 곳에서 일을 하기
도 하는데, 위험을 무릅쓰고 일할 정도로 성실했습니다.

어느 오후 늦은 시각, 청년은 바위에 구멍을 뚫고 있었지
요. 구멍에 폭약을 넣어 바위를 폭파할 예정이었답니다. 그
래서 화약을 구멍에 넣고 쇠막대기로 폭약을 다지고 있었지
요. 그런데 쇠막대기가 바위에 부딪히면서 불꽃이 생겨나 그
순간 바위의 구멍 안에 있던 화약이 폭발했답니다. 화약의
폭발하는 힘이 센 탓에 청년이 가지고 있던 쇠막대기가 날아
올라 청년의 눈 밑을 뚫고 머리를 관통하게 되었지요. 쇠막
대기가 지나간 곳은 대뇌의 앞부분이었답니다.

청년은 기적적으로 죽지 않았답니다. 병원으로 실려 간 지 3주일 후에 무사히 퇴원할 수 있었지요. 그림에서 보듯이 쇠막대기가 뇌를 뚫고 지나갔는데도 말이에요.

그 후 청년은 어떻게 되었을까요? 일터로 돌아가지 못했답니다. 왜냐하면 아주 성실했던 청년이 게을러지고, 욕을 잘하고, 싸움을 좋아하는 사람으로 바뀌었기 때문입니다.

그는 크게 상처를 입고도 무사히 살아남았지만 상처를 입기 전과 아주 다른 사람처럼 행동하였습니다. 자기의 상처와 쇠막대기를 보여 주며 남에게 돈을 받아 생활했답니다. 그의 두개골과 쇠막대기는 지금도 미국 하버드 대학교 의과 대학 박물관에 보관되어 있답니다.

이 사건은 대뇌의 기능에 대해 알려 주는 아주 중요한 사건이 되었답니다. 청년 본인은 사건이 일어나면서 일생을 힘들게 살았지만, 대뇌를 연구하는 데는 아주 중요한 자료를 제공해 준 셈이지요.

자, 그러면 이 청년의 사건으로부터 무엇을 알 수 있나요? 우선 대뇌를 다쳐도 죽지 않고 살 수 있다는 것이지요. 아마 뇌에서 동물적인 뇌, 즉 뇌의 아랫부분을 다쳤다면 청년은 사망하였을 것입니다. 하지만 대뇌를 다쳤기 때문에 살아남았던 거지요. 그리고 보니 사람답게 하는 뇌는 목숨과 관련이 적다는 말을 한 기억이 나네요.

또 한 가지 알 수 있는 사실이 있답니다. 그것은 대뇌의 앞부분이 사람의 분별력을 담당한다는 것이지요. 청년이 대뇌를 다친 뒤로는 게을러지고, 욕을 잘하고, 싸움을 좋아하는 사람이 되었다는 것을 보면 대뇌의 앞부분이 사람으로 하여금 감정을 다스리고 제어하며 책임감 있게 행동하게 하는 기능을 한다는 점을 알 수 있지요. 이처럼 대뇌의 각 부분마다 맡은 기능이 있답니다.

이 청년의 사건 외에도 대뇌의 기능이 부분마다 다르다는 것을 알려 주는 경우가 있지요. 예를 들어, 어떤 사람이 교통사고가 나서 대뇌의 다른 부분을 다쳤다고 해 봅시다. 그 사람의 행동이나 능력에 변화가 생기게 되지요. 그러면 '아, 그 부분에서 그런 일을 하는구나!' 하고 알 수 있는 거랍니다.

TV 드라마에서 주인공들이 교통사고를 당하면 기억이 없어지는 경우가 있지요? 말도 잘하고, 행동도 정상인데 옛날 일을 기억하지 못하지요. 그래서 사랑했던 사람도 알아보지 못하는 이야기가 많지요? 이 이야기에서 알 수 있는 게 있지요. 과거에 대한 기억을 담당하는 뇌의 부분이 따로 있다는 사실입니다.

다음 그림은 사람의 뇌를 왼쪽 귀 쪽에서 바라본 모습이랍니다. 왼쪽이 얼굴 쪽이에요. 마치 오른손으로 야구 글러브를 끼고 있는 것같이 생겼지요. 이 그림은 대뇌 겉질의 각 부분에서 하는 일을 표시해 놓은 것입니다. 대뇌의 겉 부분을 대뇌 겉질(대뇌 피질)이라고 하는데, 이 부분에서는 그림에 표시해 놓은 것과 같이 일을 나눠서 한답니다.

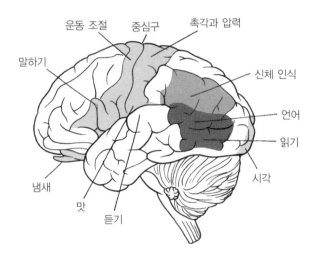

언어를 담당하는 부분

위의 그림을 잘 보세요. 왼쪽 부분에 '말하기'라고 되어 있는 부분이 있지요? 그 부분을 브로카 영역이라고 부르기도 하지요. 그 부분이 하는 일을 처음 알아낸 프랑스 의사의 이름을 따서 붙인 이름이지요.

의사인 브로카(Paul Broca, 1824~1880)는 어느 날 말은 잘 알아듣는데, 말은 못하는 실어증 환자를 만났다고 해요. 이 실어증 환자가 죽은 후에 브로카는 그 사람의 뇌를 해부해 보았지요. 아주 호기심이 많은 의사였던 것 같아요. 그랬더니 바로 '말하기' 부분이 손상되어 있는 것을 알 수 있었어요. 그래서 뇌 왼쪽의 앞부분에 있는 말하기 부분을 브로카 영역이라고 해요.

훗날 다른 사람이 그곳이 말하기를 담당하는 부분이라는 것을 증명하는 실험을 했어요. 즉 말을 잘하는 사람의 그 부분을 전기로 자극하면 말을 하다가 말이 끊어지거나 정확하게 하지 못하는 모습을 발견한 것이지요. 그래서 이 부분이 말하기를 담당하는 영역이라는 것이 분명해졌어요. 앞 쪽의 그림에서 오른쪽 중간쯤 보면 '언어'라고 씌어 있는 부분이 있는데, 그 부분은 말의 의미를 알게 하는 영역이지요.

두 사람이 서로 생각을 이야기하려면 알맞은 말을 골라 써서 서로 말하고자 하는 바가 잘 전달되어야 하지요. 그런데 이 부분을 다치게 되면 발음은 정확하지만 생각을 말하는 데는 어려움을 겪게 되지요. 이 부분을 베르니케 영역이라고 해요. 독일인 의사 베르니케(Carl Wernicke, 1848~1905)가 발견했지요. 이처럼 대뇌의 왼쪽 부분, 즉 좌뇌에서는 언어와 관련 있는 부분이 자리 잡고 있습니다.

대뇌의 겉 부분이 이렇게 부분에 따라 하는 일이 다르다고 하여 각 부분이 독립적으로 일을 하는 것은 아닙니다. 서로 긴밀하게 연락하면서 일을 하지요. 예를 들어, '사랑'이라는 단어를 듣고 그 말을 그대로 따라 할 경우 뇌는 어떻게 일을 할까요?

먼저 '사랑'이라는 말소리를 받아들이는 부분은 청각을 담당하는 영역입니다. 다음 그림에서 '듣기'라고 표시한 부분

과학자의 비밀노트

브로카(Paul Broca, 1824~1880)
프랑스의 외과 의사이면서 해부학자이자 인류학자이다. 브로카는 좌뇌의 특정 부위가 언어를 담당하고 있는 사실을 밝혀냈다. 그 부위를 그의 이름을 따서 '브로카 영역'이라고 한다.

베르니케(Carl Wernicke, 1848~1905)
독일의 신경 정신 의학자로 프러시아에서 태어났다. 언어에 관련된 뇌 부위와 그 손상에 따른 질병에 관한 연구를 하고, 브로카 영역의 손상이 모든 언어 활동의 장애를 가져오는 것이 아니라는 사실을 밝혔다. 더 나아가 손상되면 실어증을 유발하는 영역을 찾아냈는데, 그 부위를 '베르니케 영역'이라고 한다.

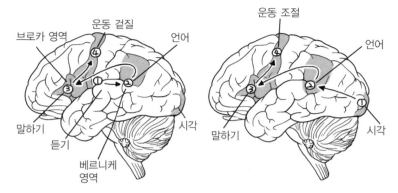

이 있지요? 그 부분에서 정보를 받아들이는 것이죠. 다음에
는 '언어'라고 쓰여 있는 곳으로 갔다가 '말하기'라는 부분
으로 신호가 이동하지요. 마지막으로 입을 움직여 '사랑'이
라고 말하라는 명령을 내리게 되지요. 그러면 입으로 '사랑'
이라고 말할 수 있게 됩니다.

읽은 단어를 말로 할 때는 머리 뒷부분에 있는 '시각' 부분
에서 정보를 받아들이죠. 그리고 말하게 되는 경로는 앞에서
말한 것과 같고요. 이처럼 뇌에서 정보를 받아들이면 그것이
신호가 되어 뇌 안의 여러 곳으로 차례로 전해지며 말을 할
수 있게 되는 것입니다.

좌뇌와 우뇌로 이루어진 대뇌

사람의 뇌는 좌뇌와 우뇌로 나뉘어 있답니다. 그리고 좌뇌와 우뇌가 하는 일은 서로 다르답니다. 방금 좌뇌는 언어 능력과 깊은 관계가 있다고 했었지요. 또한 좌뇌는 생각하는 힘, 즉 사고력과도 관계가 있다고 알려져 있습니다. 반면에 우뇌는 공간 지각 능력이나 예술적 감각을 담당하는 것으로 알려져 있습니다. 그래서 좌뇌가 발달된 사람은 생각하는 힘이 뛰어나고, 우뇌가 발달한 사람은 창조력이 뛰어난 경향이 있습니다.

그러나 좌뇌와 우뇌가 따로따로 일을 하는 것은 아니랍니다. 좌뇌와 우뇌 사이에는 다리가 놓여 있거든요. 마치 두 건물 중간에 다리를 놓아 연결하는 것과 같은 모습이라고 할 수 있지요. 두 뇌를 연결하는 다리를 뇌량이라고 합니다. 이 뇌량을 통해 좌뇌와 우뇌의 정보가 오간다고 생각하고 있답니다. 그래서 두 뇌가 협조하며 일을 한다고 할 수 있지요.

두 뇌가 협조한다는 것은 다음의 예를 보면 더욱 잘 알 수 있을 거라 생각합니다. 좀 이해하기 어려우니 잘 들어보세요. 이 이야기를 시작하기 전에 한 가지 미리 알고 있어야 할 것이 있어요. 사람의 좌뇌는 몸의 오른쪽 감각이나 운동을 담당하고, 우뇌는 왼쪽의 감각이나 운동을 담당한다는 것입니다. 이것은 몸에서 올라오는 신경이나, 뇌에서 몸으로 내려가는 신경이 뇌의 아랫부분에서 서로 엇갈려 반대쪽으로 가기 때문이랍니다. 그러니까 왼쪽 손에 무엇이 닿았다고 느끼는 부분은 오른쪽 뇌이고, 오른쪽 손에 무엇이 닿았다고 느끼는 부분은 왼쪽 뇌입니다. 자, 그럼 흥미로운 이야기를 해 보죠.

옛날에는 뇌의 질환을 치료하기 위해 좌뇌와 우뇌를 잇는 뇌량을 자르는 경우가 있었다고 합니다. 미국의 의사 스페리 (Roger Wolcott Sperry, 1913~1994)는 뇌량이 잘려 완전히 분리된 환자를 실험해 보았어요. 환자의 눈을 가리고 왼쪽 손에 열쇠를 쥐어 주며 뭐냐고 물어봤더니 '열쇠'라고 말을 하지 못했지요. 그런데 이상하게도 열쇠로 문을 열 수는 있었답니다.

어떻게 이런 일이 일어날까요? 환자가 왼손에 열쇠를 들었으므로 오른쪽 뇌가 그것을 느끼게 됩니다. '아, 손에 열쇠가 쥐어져 있구나!' 하는 것을 오른쪽 뇌가 판단하게 된다는 점입니다. 열쇠를 가지고 문을 연 것으로 보아 환자는 분명 손에 쥔 물건이 열쇠라는 사실을 알고 있는 것이죠.

하지만 우뇌에서 좌뇌로 가는 뇌량이 잘려 있기 때문에 정보가 좌뇌로 건너가지 못하는 겁니다. 아까 말을 하는 기능을 담당하는 뇌가 좌뇌라고 했죠? 오른손에 열쇠를 쥐고 있다는 정보가 좌뇌로 건너가지 못하니 '열쇠' 라고 말을 하지는 못합니다. 즉, 열쇠라는 것을 알긴 알지만 입과 성대를 움직여 '열쇠' 라고 말을 할 수가 없는 것이죠. 왜 그럴까요? 말을 담당하는 좌뇌에 그 정보가 건너오지 못하기 때문입니다.

여기서 여러분에게 한 가지 문제를 내 보죠. 만일 이 환자의 가린 눈을 풀어 열쇠를 볼 수 있게 하면 '열쇠' 라는 말을 할 수 있을까요? 답은 '말할 수 있다' 입니다. 왜냐고요? 오른

눈을 가렸을 때 열쇠를 사용할 수는 있지만, '열쇠' 라고 말하지 못한다. 왼손의 정보를 우뇌가 판단하지만, 좌뇌로 다시 전달되지 못하기 때문이다.

쪽 눈이 열쇠라는 것을 보게 되니까 왼쪽 뇌에 정보가 가고, 결과적으로 좌뇌가 열쇠라는 말을 할 수 있답니다.

IQ와 EQ란?

지금까지 대뇌의 각 부분이 하는 일이 다르다는 사실을 이야기했습니다. 각 부분이 다른 일을 하되, 서로 연락하면서 일을 한다는 내용도 이야기했습니다. 사람이 말하고, 생각하고, 노래하고, 그림 그리는 등의 여러 가지 일을 할 수 있는 능력이 있는 이유도 대뇌의 각 부분이 서로 전문적으로 다른 일을 하면서 서로 협동하기 때문일 거예요.

IQ에 대해 잠시 생각하기로 해요. IQ 지수란 기억, 추리, 판단 등 생각하는 능력을 측정하는 검사 결과를 나타냅니다. IQ는 자기 연령의 평균 지능을 100으로 하였을 때 이에 대해 자기는 어느 수준인가를 나타냅니다. 예를 들어 'IQ가 120이다' 라고 하면 평균보다 20이 높은 것이고, 90이라면 10이 낮은 것입니다. 보통 150 이상이면 천재라는 소리를 듣지요. 그런데 IQ는 생각하는 능력만을 측정한 것으로, 인간 생활에 필요한 여러 요소는 포함되어 있지 않다는 데 문제가 있습니다. 그러니까 지능이 높다 하여 꼭 성공하는 사람이 되는 게 아니라는 말입니다.

그래서 생긴 것이 EQ입니다. 이것은 이른바 '감성 지수'라고도 해요. 타인에 대한 배려, 결단하는 능력, 살아가는 데 필요한 여러 감성 등을 나타낸 것이지요.

EQ는 IQ에 대한 지나친 믿음에 대한 반발로 생겨났다고 볼 수 있지요. 인간이란 IQ로 능력을 판단할 수 없다는 견해이지요. 실제로 요즈음에는 다중 지능이라고 하여 신체 지능, 음악 지능, 대인 관계 지능 등 여러 지능이 있다고 생각하고 있습니다. 그만큼 사람은 복잡한 존재라는 의미이기도 하지요.

IQ에 대한 지나친 믿음을 버리는 것은 의미 있는 일이라고 생각합니다. 살아가면서 경쟁으로부터 벗어나 다양한 경험, 풍성한 마음을 갖는 것은 자신의 능력을 높이는 길입니다. 그래서 좋은 책, 아름다운 그림, 감동적인 영화를 많이 읽고 감상하는 것이 좋습니다. 그리고 시간이 나면 산에도 가고 여행도 가세요. 그런 경험이 여러분을 행복하게 살아갈 수 있도록 할 것입니다.

대뇌는 우리가 느끼고 움직이게 하는 뇌입니다. 이에 관해 좀 더 자세히 알아보도록 하지요.

우리는 눈으로 주위를 봅니다. 부모님의 모습, 친구의 모습도 눈을 통해 봅니다. 아름다운 경치나 그림도 눈으로 봅니다. 우리는 눈으로 우리를 둘러싼 바깥세상을 봅니다. 하지만 눈으로 본다는 말은 맞기도 하고 틀리기도 합니다. 왜 그럴까요?

예를 들어, 우리가 컴퓨터 화면의 그림을 본다고 합시다. 그러면 컴퓨터 화면의 상이 우리 눈의 망막에 맺히고 눈은 그 상을 우리 몸에 전달이 되는 신호로 바꿉니다. 그 신호는 신경을 타고 뇌로 가지요. 뇌에서는 눈에서 오는 신호를 해석합니다. '저것은 어떻게 생겼고, 무슨 색깔이다'와 같이요. 그러므로 '저것은 컴퓨터 화면에 있는 그림이다'고 해석하는 것이죠. 정작 우리가 사물을 보게 되는 이유는 뇌의 기능 때문인 것입니다.

눈은 단순히 상을 받아들이는 장치입니다. 다시 말하면 눈은 아무 생각이 없다는 뜻입니다. 마치 거울과 크게 다를 게 없는 것이지요. 아니면 렌즈와 필름이 있는 카메라와 비슷하

다고나 할까요. 그렇다면 눈이 보는 것일까요, 뇌가 보는 것일까요?

뇌가 없다면 우리는 아무것도 보지 못합니다. 눈이 본다면 뇌가 없더라도 보여야 할 텐데 말이죠. 그러나 우리는 보통 눈으로 본다고 말합니다. 눈을 통해서 주위의 모습이 우리가 알 수 있는 신호로 바뀌기 때문입니다. 그러므로 눈이 없고 뇌만 있어도 볼 수 없고, 눈이 있고 뇌가 없어도 볼 수 없는 것입니다. 그러니 눈으로 본다는 말은 맞기도 하고 틀리기도 한 표현입니다.

우리가 우리 주변을 볼 수 있는 이유는 눈이 있기 때문이기도 하지만, 뇌의 성능이 우수하기 때문입니다. 눈으로 들어오는 주변의 모습을 계속 해석하고 판단한다는 것은 참으로 놀라운 일입니다.

보는 것과 관련하여 뇌가 우수하다는 점은 우리가 수많은 색깔을 보는 것을 생각해 보면 알 수 있습니다. 여러분은 몇 가지 색깔을 볼 수 있나요? 아마 셀 수 없이 많은 색깔을 볼 수 있을 것입니다. 어떻게 그리 수많은 색깔을 볼 수 있을까요?

눈의 망막에는 색이라는 정보를 받아들이는 원추 세포(추상체)라는 이름의 세포가 있답니다. 원추 세포라는 말은 세포의 모습이 원뿔과 같다고 하여 붙여진 이름이지요. 원추 세포에는 세 가지 종류가 있답니다. 이 세 가지가 망막에 도착하는 색의 종류에 따라 서로 다르게 반응한답니다.

예를 들어 주황색이 망막에 도달하면 셋 중 하나는 더 많은 신호를 뇌에 보내고, 다른 하나는 적게 보내고, 마지막 하나는 더 적게 신호를 보내는 식으로 색마다 다르게 뇌에 신호를 보내는 것입니다.

즉, 어떤 색이 망막에 왔을 때 한 종류의 원추 세포가 10이라는 크기의 신호를 뇌에 보내면, 다른 것들은 각각 8과 5라는 크기의 신호를 보냅니다. 또 다른 색이 왔을 때 이번에는 한 종류는 9, 다른 것들은 각각 6과 8이라는 크기의 신호를 뇌에 보내는 것입니다. 그러면 각 원추 세포에서 신경을 통해 뇌에 도착하는 신호의 크기에 따라 뇌가 색을 다르게 해석하는 것입니다. 그러므로 세 가지 세포가 색마다 아주 다양하게 반응하기 때문에 결국 우리는 수많은 색을 볼 수 있는 것입니다.

우리가 보는 빛은 가시광선입니다. 즉, 볼 수 있는 빛이란 의미를 가지고 있지요. 우리가 자외선을 보지 못하는 까닭은 망막에 있는 시세포에서 자외선에 대한 신호를 만들어 내지 못하기 때문입니다.

우리가 볼 수 있는 빛에는 시세포가 흥분하지만, 자외선에 대해서는 흥분하지 않지요. 그러면 뇌에 신호가 전해지지 않는 것입니다. 그러니 자외선에 대해서는 감지할 수 없는 것이지요. 초파리나 꿀벌 등의 곤충은 우리가 보지 못하는 영역의 빛을 볼 수 있지요. 그러므로 이들 곤충은 사람과 다른 세상을 본다고 생각해도 됩니다.

우리가 수많은 색을 볼 수 있는 이유가 뇌의 해석 능력이 뛰어나기 때문인 것처럼 소리나 맛, 냄새 등을 느끼는 데도 마찬가지로 탁월한 뇌의 해석 능력을 필요로 한답니다.

소리를 듣는 것에 대해 이야기하기 전 먼저 소리가 무엇인지 살펴보도록 해요. 소리는 공기의 진동으로 생깁니다. 우리가 북을 치면 가죽이 진동합니다. 그 진동은 공기를 진동시키고, 그 진동이 우리의 귀에 전해집니다. 그러면 그것을 우리는 소리로 듣게 됩니다. 그러니까 진공 상태에서는 소리가 전달되지 못합니다.

우리가 소리를 들으려면 먼저 공기의 진동이 고막을 울려야 합니다. 그러면 고막이 진동하고, 그 진동이 청소골에서 증폭이 되고, 이어서 달팽이관으로 전해집니다. 달팽이관에는 물이 차 있기 때문에 결국 공기의 진동은 물의 진동으로 바뀝니다.

달팽이관의 물이 진동하면 그 진동이 청세포에 전달되고, 청세포에서 신호가 생겨나 신경을 통해 뇌로 전달되는 것입니다. 그러니까 공기의 진동은 물의 진동으로 바뀌고, 물의 진동은 결국 신경을 흐르는 전기적 신호가 되는 것입니다. 그러면 뇌에 신호가 전달되고, 뇌는 어떤 소리가 오고 있다는 사실을 알게 되는 것입니다.

그런데 뇌는 소리가 단순히 온다는 사실만 아는 것이 아닙니다. 무슨 소리인지 판단하게 됩니다. 여기에 뇌의 놀라운 기능이 있는 것입니다. 생각해 보세요. 우리는 반 친구의 목소리를 거의 기억합니다. 그리고 말소리가 들리면 누구의 목

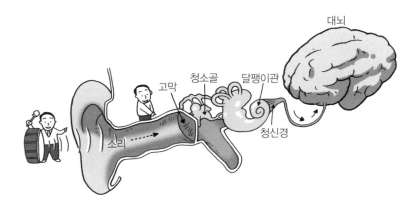

대뇌

청소골
달팽이관
고막
청신경
소리

소리인지 알 수 있습니다. 같은 단어나 문장을 말해도 눈을
감고도 누구의 목소리인지 판별해 냅니다. 뇌는 정말 놀랍기
그지없습니다.

오케스트라 지휘자는 단원들이 악기를 연주할 때 누가 틀
리는지를 알 수 있다고 합니다. 동시에 소리가 나더라도 악
보와 다르게 연주하는 사람을 맞힐 수 있다는 겁니다. 우선
각 악기의 소리를 구분해 낸다는 것은 각 악기의 연주 소리를
듣고 먼저 무슨 악기 소리인지를 알아야 합니다. 그다음에
각 사람이 연주하는 소리가 악보와 맞는지를 판단할 수 있어
야 합니다. 악보대로 연주하였을 때 소리의 높낮이와 박자를
기억하고, 그것과 다른 소리를 알아내는 것입니다.

악단이 연주할 때 여러 악기가 만들어 내는 공기의 진동은 한꺼번에 고막을 울립니다. 하지만 뇌는 그것을 구분할 수 있습니다. 물론 달팽이관에서 저음과 고음이 울리는 자리가 달라 뇌에 보내지는 신호가 소리의 높낮이에 따라 다르긴 합니다. 하지만 뇌의 놀라운 해석 능력이 없다면 지휘를 잘하기란 불가능할 것입니다.

얼마 전 유명한 첼리스트가 인터뷰 하는 것을 들었습니다. 지휘자가 지휘를 하기 위해서는 기본적으로 500곡의 악보를 기억해야 지휘를 할 수 있다고 하더군요. 사람의 뇌란 참으로 위대하다는 생각을 하게 됩니다.

이번에는 냄새와 맛을 느끼는 것에 대해 알아보기로 하지요. 냄새와 맛은 기본적으로 같은 원리로 느낀답니다. 우리 몸이 화학 물질을 느끼는 것이죠. 아무 화학 물질이나 느끼는 것이 아니라 우리 몸에서 받아들이는 물질에 대해서만 느낍니다.

예를 들어 코 안의 냄새를 맡는 세포에는 '화학 물질 수용기'라는 것이 있지요. 세포막에 어떤 화학 물질과 열쇠와 자물쇠처럼 딱 들어맞는 물질이 오면 그것을 느끼게 됩니다. 수용체는 1천만 개나 됩니다.

그런데 하나의 후각 세포는 한 종류의 수용체만을 가집니다. A라는 물질이 오면 A′라는 후각 세포가 흥분하고, B라는 물질이 오면 B′라는 후각 세포가 흥분하지요. 즉, 화학 물질에 따라 흥분하는 후각 세포가 달라지는 것입니다.

그러므로 어떤 물질이 다양한 화학 물질을 가지고 있다면 흥분하는 후각 세포의 종류가 많아질 것입니다. 뇌는 어떤 종류의 수용체를 갖는 후각 세포가 흥분하는지 여부에 따라 종합적으로 냄새를 해석하는 것입니다. 뇌의 해석 능력이 얼마나 좋은지 사람이 느끼는 냄새는 수천 가지라고 합니다.

어떤 물질이 수용체에 결합하여 신호가 생기면 뇌는 해석을 하게 됩니다. '아, 꽃향기구나!', '냄새가 참 좋다!', '어, 이게 무슨 냄새야? 고기 썩은 냄새네!' 등과 같은 식으로 우리가 좋아하는 냄새와 싫어하는 냄새를 구분하게 됩니다. 이렇게 냄새를 구분함으로써 우리는 위험한 물질로부터 우리

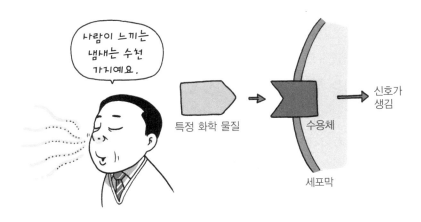

사람이 느끼는 냄새는 수천 가지예요.

특정 화학 물질

수용체

신호가 생김

세포막

자신을 보호할 수 있는 게 아닐까 해요.

맛을 느끼는 것도 마찬가지 원리를 가지고 있지요. 다만 맛은 물에 녹는 화학 물질을, 냄새는 공기 중의 화학 물질을 느낀다는 점이 달라요.

그런데 뇌는 혀로 받아들인 자극과 코로 받아들인 자극을 종합하여 맛을 느끼지요. 맛은 혀로만 보는 게 아니랍니다. 여러분 코를 막고 음식 맛을 보세요. 맛이 잘 느껴지지 않을 겁니다. 감기에 걸리면 맛이 없어지는 것이 바로 이 때문이랍니다. 특히 코감기에 걸려 분비물이 냄새 맡는 부분을 덮으면 냄새는 물론 맛도 잘 느끼지 못하게 된답니다.

그러므로 맛이란 혀의 수용체와 코의 수용체에서 받아들인 화학 물질이 일으키는 자극을 종합하여 뇌가 해석하여 얻어지는 것이랍니다.

우리는 시각, 청각, 후각, 미각 외에도 촉각을 가지고 있답니다. 피부에서 받아들이는 자극이지요.

피부에는 열, 강한 압력, 차가움, 아픔, 약한 접촉 등을 받아들이는 수용기가 각각 따로 있답니다. 각 수용기가 흥분하면 뇌는 거기에 따라 피부에 어떤 물체가 어떻게 닿았는지를 감지하게 되지요.

움직이게 하는 대뇌

지금까지 우리는 감각과 뇌의 해석 능력에 대해 알아봤습니다. 이제 뇌가 우리 몸을 어떻게 움직이게 하는지 알아보도록 해요.

자, 여러분 각자 '발가락을 움직이자' 라고 마음먹어 보세요. 그리고 발가락을 움직여 보세요. 발가락이 움직이죠? 발가락이 마음먹은 대로 움직이는 것이 신기하지 않나요?

대학 다닐 때였어요. 교수님이 뇌에 혹이 나서 뇌 수술을 받으셨지요. 그런데 수술 후에 오른손으로 글씨를 쓰기가 어려워졌어요. 오른손이 말을 잘 듣지 않은 거지요. 그래서 교수님은 많은 연습을 해야 했지요. 그때 교수님이 이런 말씀을 하셨죠.

"내가 평생을 생물을 가르쳐 왔지만 손가락을 마음먹은 대로 움직인다는 것이 얼마나 어렵고도 신기한 일인지 처음 알았다."

우리는 아주 당연하게 생각하지만 우리가 생각하는 대로 몸이 움직인다는 것은 아주 놀라운 일이랍니다.

우리 몸이 움직이려면 명령을 내리는 뇌와 그것을 전달하는 신경, 그리고 신경의 명령을 받아 실제로 움직이는 근육이 필요합니다.

먼저, 몸을 움직이게 하는 명령을 내리는 뇌에 대해 생각해 보기로 해요. 방금 전에 말한 교수님의 경우 명령을 전달하는 신경이나 근육은 정상이었지만 뇌에 문제가 생겼던 것입니다. 뇌에서 정확한 명령이 나오지 않기 때문에 손을 제대로 움직이지 못하셨던 것입니다. 우리 몸의 움직임은 아주 정교합니다. 글씨를 쓸 때 우리는 거의 자동적으로 쓰지만 순간순간 뇌가 판단하여 움직임을 조절하는 것입니다. 속도, 방향, 강약 등을 매 순간 조절해야 하는 것이죠.

그러므로 몸의 움직임을 조절한다는 것은 매우 정교한 명령 능력을 가져야 하는 것입니다. 아직 사람처럼 자연스럽고 정교하게 움직이는 로봇이 개발되지 못하는 이유도 사람의 뇌가 갖는 놀라운 기능을 대신할 만한 장치를 만들지 못하기 때문이랍니다.

뇌의 정교한 명령은 우리를 위험으로부터 보호해 주는 기능도 합니다. 우리가 거리를 걸어갈 때 똑바로 앞으로 가야 하는데, 방향 조절이 안 되면 어떻게 될까요? 몸이 자꾸 차도로 향하면 아주 위험하겠죠?

그런데 우리 운동의 대부분은 거의 무의식적으로 일어난다는 것입니다. 예를 들면, 우리가 걸어갈 때 팔다리를 움직입니다. 다리만 움직이며 걸어가지는 않지요? 그런데 우리가 걸어가면서 이번에는 오른쪽 다리를 움직여야지, 이번에는 오른팔을 움직여야지 하는 식으로 생각하며 걸어가지 않습니다. 달리기를 할 때도 마찬가지입니다. 거의 자동적으로 움직이게 되지요. 얼핏 생각하면 근육이 스스로 움직이는 것 같지만 뇌의 명령 없이는 일어날 수 없는 일이랍니다.

우리 몸의 각 부분을 움직이게 하는 뇌는 대뇌입니다. 그런데 몸의 부분에 따라 그것을 조절하는 대뇌의 영역이 다릅니다. 얼굴의 근육 움직임을 조절하는 뇌와 다리 근육을 조절하는 뇌, 엉덩이 근육을 움직이게 하는 뇌는 지역적으로 다른 것입니다. 대뇌 겉 부분의 중간쯤에 운동을 조절하는 부분이 있는데, 그 안에서도 몸의 부분에 따라 조절하는 영역이 다릅니다. 다음 쪽의 그림을 보세요.

이 그림은 운동 영역의 각 부분이 몸의 어느 부분을 조절하는지를 보여 주고 있습니다. 대뇌의 운동 영역은 아마 여러분이 음악을 듣기 위해 헤드폰을 착용할 때 양쪽 헤드폰을 둥그렇게 잇는 선이 지나는 부분쯤 될 것입니다. 그러므로 그림은 그 선을 따라 위에서 아래로 내려오며 각 부분이 어디를 조절하는지를 나타냅니다. 재미있는 것은 얼굴이나 손이 대단히 크게 그려져 있다는 점입니다. 왜 그럴까요?

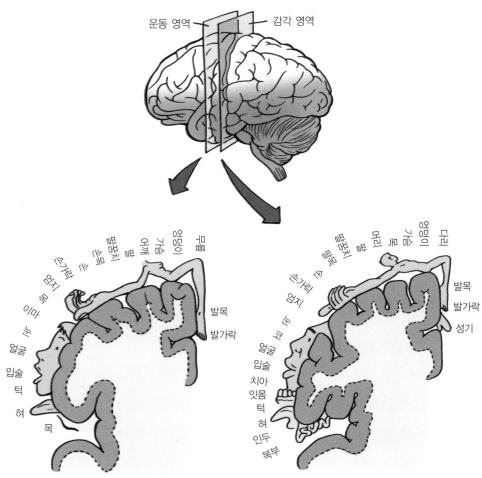

운동 영역   감각 영역

대뇌 겉질의 운동 영역(왼쪽)과 감각 영역

여러분 얼굴 근육을 움직여 보기 바랍니다. 여러 가지 모양으로 움직일 수 있죠? 그것은 그만큼 많은 뇌세포가 관계하고 있기 때문입니다. 하지만 엉덩이는 다양하게 움직이기가 어렵습니다. 그 부분을 조절하는 데는 많은 뇌세포가 필요하지 않기 때문입니다. 자, 그러면 그림에서 손을 크게 그려 놓은 이유를 알겠죠?

우리 몸의 운동에는 소뇌도 작용하는 것으로 알려져 있습니다. 우리가 걸어갈 때 중심을 잘 잡고 가는 것을 알 수 있습니다. 중심을 잡는다는 것은 몸의 근육이 중심을 잡을 수 있도록 알맞게 움직이고 있다는 것을 나타냅니다. 그런 무의식적인 운동을 소뇌가 담당합니다. 그러므로 운동은 대뇌 홀로 조절하는 것이 아니라 소뇌가 있어 더 정교하게 움직일 수 있다고 생각하면 좋을 것입니다.

여러분은 운동을 잘하고 싶죠? 그럼 운동을 잘한다는 것이 무엇인지 살펴보도록 해요.

운동을 잘하려면 우선 반응이 빨라야 합니다. 테니스를 예로 들면, 공이 날아올 때 그 공에 대해 빠르게 반응하면 할수록 여유 있게 공을 처리할 수 있답니다. 공이 날아오는 방향으로 미리 라켓을 갖다 놓고 기다리다 공을 치면 아주 정확하게 칠 수 있지요. 하지만 반응이 느려서 허둥지둥 라켓을 갖다 대면 실수가 나오는 법이죠.

그러면 어떻게 하면 반응을 빠르게 할 수 있을까요? 그것은 개인차가 있지만 반복 훈련을 하면 반응하는 속도가 빨라진답니다. 뇌의 프로그램이 더욱 잘 가동한다고 할 수 있지요. 물론 운동 신경이 유난히 좋은 사람이 있지요. 그런 사람은 뇌의 기능이 아주 좋아서 반응 속도가 빠른 것입니다. 하지만 보통은 연습에 의해서 반응 속도를 빠르게 할 수 있는 것이죠.

여러분은 테니스를 치는 모습을 보았는지 모르겠네요. 테니스를 하는 모습을 보면 사람마다 특유의 자세가 있다는 것을 알 수 있습니다. 오늘 이런 자세로 치던 사람이 내일 다른 사람처럼 테니스를 하는 경우는 거의 없습니다. 자세란 반복적인 움직임을 통해 몸이 습득한 운동 방식이랍니다. 그래서 테니스 선수들이 운동하는 모습을 보면 계속해서 같은 동작으로 공을 치는 것을 볼 수 있습니다.

자세는 뇌에 프로그램화되어 있는 명령으로부터 만들어진다고 보면 됩니다. 그래서 처음부터 바른 자세로 운동을 하는 것이 중요합니다. 자세를 잘못 익혀 놓으면 고치기가 아주 어렵습니다. 잘못된 자세를 고치기 위해서는 1만 번 이상 연습을 하여야 고쳐진다는 말까지 있을 정도니까요. 골프,

배드민턴, 탁구 등 모두 자세가 중요한 운동이지요. 구기 종목만 그런 것은 아니랍니다. 수영이나 스키, 심지어 달리기도 바른 자세가 중요하답니다. 그러므로 운동을 잘하려면 같은 동작을 반복적으로 연습하되, 바른 자세로 연습을 하여야 한다는 말입니다.

　뇌에서 내리는 명령은 척수를 거쳐 손이나 발까지 가게 됩니다. 그런데 연수에서 내려가던 신경이 교차하게 된답니다. 그러므로 오른손의 움직임에 대한 명령은 좌뇌가 하고, 왼손의 움직임에 대한 명령은 우뇌가 하는 것입니다. 여러분은 길을 가다가 오른손과 오른발이 부자연스럽게 걷는 어른을 본 적이 있을 것입니다. 그분들은 좌뇌에 이상이 생긴 경우랍니다. 좌뇌의 혈관이 터지거나 막히면 그런 현상이 나타난답니다.

　자, 우리는 지금까지 우리가 어떻게 느끼는지, 어떻게 움직일 수 있는지에 대해 알아봤습니다. 생각해 보면 우리가 보고, 듣고, 냄새 맡는 감각 능력이 있다는 것은 얼마나 행복한 일인지 모르겠습니다. 그런 능력이 없다면 사는 게 얼마나 답답하고 재미없을까요.

　창밖을 보세요. 나무와 풀, 하늘, 새와 구름이 보이지요. 얼마나 아름다운 세상입니까. 그런 세상을 눈이 없다면, 뇌가 없다면 어찌 볼 수 있을까요? 소리도 마찬가지예요. 귀를 기울여 봐요. 세상에는 참 여러 가지 소리가 나요. 사랑하는 가족의 말소리가 들려요, 아름다운 음악 소리도 들어요, 자신의 발자국 소리도 들리고요. 소리를 들을 수 없다면 얼마나 슬플까요?

하지만 세상에는 볼 수 없는 친구와 들을 수 없는 친구도 많답니다. 그런 친구들은 '단 1초 만이라도 세상의 모습을 볼 수 있다면 얼마나 좋을까?'라고 생각한답니다. 주변에 그런 친구가 있다면 손을 내밀기 바랍니다. 그리고 기꺼이 도움이 되어 주기 바랍니다. 여러분은 볼 수 있나요? 들을 수 있나요? 그것만으로도 우리는 행복한 것입니다.

아무래도 외계인이 명수의 뇌를 조종하는 것 같군요!

뇌를 조종한다고요? 명수가 설마 꼭두각시가 된 건 아니죠?

지금 눈을 뜨고 팔을 움직였으니,

대뇌의 신체 인식 영역을 조종한 게 틀림없어요.

허우적

허우적

허우적

가나다라마바사~

좋아, 그럼 이번엔 여기를….

외계인이 명수의 뇌를 마음대로 가지고 놀고 있어요! 이번엔 말하기 영역을 건드린 모양이에요!!

어머나, 깜짝이야!

벌떡

인간의 뇌는 참 신기하군. 오른쪽을 건드리면 왼팔이, 왼쪽을 건드리면 오른팔이 움직이네.

타닥

타닥

지금 명수는 볼 수도 들을 수도 없을 거예요. 단지 외계인이 뇌를 조종하는 것에 따라서만 움직일 뿐이죠.

명수야, 조금만 참아. 뇌를 되찾아 줄게.

버둥

버둥

4

마음과 감정은 어디에?

마음과 감정은 매 순간 우리의 생각과 행동을
결정하는 데 중요한 구실을 합니다.
이런 마음과 감정은 어디에서 비롯될까요?

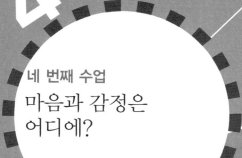

에덜먼이 마음에 대한 질문을 하며
네 번째 수업을 시작했다.

마음이 있는 곳은 뇌

여러분은 모두 '마음'이라는 말을 알고 있을 겁니다. 그러나 '마음이 무엇인가?'라는 질문에 답하기는 아주 어렵지요. 그러나 누구나 우리에게 마음이 있다는 것은 알고 있습니다. 그럼 마음이란 무엇일까요?

우리는 마음이 '기쁘다', '슬프다'고 말합니다. 마음은 기쁘기도 하고 슬프기도 할 수 있나 봅니다. 또는 마음이 '좋다', '나쁘다'고 말합니다. 마음에는 좋은 마음이 있고, 나쁜 마음이 있는 게 분명합니다. 어떤 때는 마음이 '강하다', '약하다'고 말합니다. 마음에는 강한 마음이 있고, 약한 마음이 있는 것입니다.

이외에도 마음에 관한 표현은 아주 많습니다. 그리움, 허무함, 억울함 등 모두 마음에 관련된 말입니다. 그리고 보니 마음은 자기 자신이라는 생각이 듭니다. 마음에서 생각이 나오고, 감정이 나오고, 행동이 나오니까요. 그 안에 자기 자신에 대한 모든 것이 있으니까요. 그 사람의 마음이 곧 그 사람이라는 생각을 하게 됩니다.

분명 마음은 있으며 마음이 한 사람을 결정짓는 중요한 존재임이 틀림없습니다. 그러면 마음은 어디에 있을까요? 마음

이 도대체 어디에 있는가 하는 문제는 옛날부터 아주 어려운 문제였답니다. 마음이 보이는 게 아니니까요.

아주 옛날에는 마음이 심장에 있다고 생각했습니다. 심장이 멎으면 사람이 죽게 되니 심장이야말로 중요한 것이라 생각한 거지요. 그리고 심장에 한 사람의 혼이 있다고도 생각했지요. 그래서 사람이 죽으면 심장을 잘 보관하려 했다는 기록이 있어요. 하지만 뇌는 별로 중요하게 생각하지 않았답니다.

지금도 흔히 사랑은 심장 모양으로 표시하지요. 자기의 가장 소중한 부분을 표시함으로써 사랑의 마음을 전하려 했던 데서 나타난 표현이지요. 여러분도 아마 마음은 가슴에 있다고 생각할지도 모르겠네요. 기쁘면 가슴이 벅차고, 놀라면 가슴이 뛰고, 슬프면 가슴이 아프니까요.

고대 그리스의 유명한 철학자 플라톤(Platon, B.C.428?~B.C.347?)은 뇌와 마음이 관계가 있다는 것을 말했지요. 이성과 지성은 대뇌에 있고, 식욕과 같은 본능은 척수에 있다고 했답니다. 의학의 아버지 히포크라테스(Hippocrates, B.C.460?~B.C.377?)는 사람의 마음은 대뇌에서 만들어진다고 했습니다.

이렇게 고대부터 이미 마음이 뇌에 있다는 생각을 하게 되었지요. 그렇다고 뇌에 마음이 있다는 주장이 증명된 것은 아니었답니다. 그 후로도 마음의 위치에 대해서는 많은 고민이 있었답니다.

마음이 뇌에 있다는 사실은 19세기, 그러니까 1800년대 이후에야 밝혀졌지요. 사실 생물에 대한 지식은 18세기까지 그다지 발달하지 않았답니다. 19세기 들어 급격히 발달했지요. 19세기에 인체에 대한 해부학이 발달하고 뇌의 생김새가 알려진 다음, 여러 가지 실험 결과 마음이 뇌에 있다는 생각이 완전히 인정받게 되었답니다.

지난 시간에 뇌를 다친 청년에 대해 이야기했던 기억이 나지요? 그 청년은 뇌를 다치기 전에는 아주 성실하고 사려 깊었지요. 하지만 사고가 난 뒤에는 자주 화를 내고 싸움을 하고 참을성이 없는 사람이 되었다고 합니다. 그러니 분명 같은 사람이지만 사고의 전후에 다른 마음을 갖게 되었다고 볼 수 있어요. 이런 이야기를 보면 마음이 뇌에 있다는 것을 알 수 있습니다.

한 사람의 뇌를 다른 사람과 바꾸면 어떻게 될까요? 몸은 그대로인데 뇌만 바뀌면 어떻게 될까요? 물론 아직 이런 일은 불가능하지만 말입니다. 이런 상상은 드라마나 영화에 가끔 나오기도 하지요.

A라는 사람과 B라는 사람이 서로 뇌를 바꿨다고 해요. A라는 사람의 마음은 B라는 사람의 마음으로 바뀔까요, 그대로일까요? 마찬가지로 B라는 사람의 마음은 그대로일까요, A라는 사람의 마음으로 바뀔까요? 나아가, A라는 사람이 B라는 사람이 되는 걸까요, A라는 사람은 그대로 A일까요?

뇌가 바뀌면 분명 사람도 바뀔 것 같습니다. 몸은 A이지만 뇌가 B라면 그 사람은 B와 같은 마음을 갖게 됩니다. 성격이나 지능, 취미 모두 B의 것이 되지요. A는 원래 그림 그리는 것을 좋아하고 운동하는 것을 싫어했는데, 갑자기 운동하기를 좋아하고 그림에는 관심이 없어지는 거지요. 학교 성적도

달라지겠지요.

그리고 B의 기억을 그대로 가지고 있을 거예요. 어디서 자랐느냐고 물어보면 B의 고향으로 답할 게 분명하지요. 사랑하는 사람들에 대한 기억도 B의 것이고요. 부모님, 친구 모두 B의 뇌에 저장되어 있을 것입니다. 이렇게 겉보기에는 A인데 그 몸을 움직이는 주인은 B인 것이지요.

주변 사람들은 그런 A를 보고 얼마나 당황하겠어요. 특히 A의 부모님이 제일 애가 탈 거예요. 분명 사랑하는 자신의 자식인데 부모를 몰라보니 말입니다.

이런 생각을 하다 보니 몸이 A이고, 뇌가 B라면 그 사람은 B라고 하는 것이 옳을 거라는 생각이 듭니다. 몸이 그 사람이 아니라 마음이 그 사람이라는 생각도 들고요.

한 사람이 세상에 태어나기 전에 정자와 난자가 만나는 수정 과정이 필요합니다. 여러분도 이에 대해서는 잘 알고 있지요?

수정이 일어나기 전에는 어디에도 마음이란 없습니다. 난자와 정자는 하나의 사람이 아니니까요. 하지만 난자와 정자가 수정을 하면 하나였던 세포가 분열하여 2개, 4개, 8개 이렇게 늘어나지요. 그래서 옆 그림처럼 1개월이 지나면 뭔가 형체가 생기게 됩니다. 도무지 사람 같지가 않지요. 뇌도 참

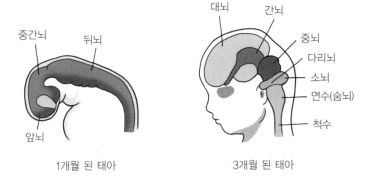

1개월 된 태아	3개월 된 태아

이상하게 생겼지요. 저 상태에서 마음이 있을까요? 혹 있을 지도 모르지요.

3개월 정도가 되면 대략 사람의 모양이 만들어진답니다. 그래서 이때부터는 '태아'라고 부른답니다. 배 속의 아이라 는 뜻이지요. 아이의 모양을 보니 3개월 정도에는 마음이 있 을 것 같다는 생각이 듭니다. 대뇌도 분명하게 보이고요. 하 지만 잘 알 수 없지요. 저 아이가 생각을 할 수 있는 것인지, 아니면 무의식의 세계에서 잠자고 있는 것인지요.

자, 그러면 마음은 어떻게 생겨날까요? 또 언제부터 생겨 날까요? 마음이 생겨나는 때는 언제부터라고 분명히 말할 수 는 없답니다. 하지만 뇌가 생기면서 서서히 마음이 깃들 거 라는 생각은 할 수 있지요.

아이가 태어나도 뇌는 완전히 발달한 것이 아니라고 지난번에 말했었지요. '머리가 작은 병'이라는 뜻의 소두증이라는 병이 있어요. 참 불행한 병이지요. 소두증은 태어난 이후에 뇌가 자라지 않는 병이랍니다. 갓 태어난 아이의 뇌를 감싸는 두개골은 뇌를 완전히 감싸지 않고 뇌가 자랄 수 있도록 약간 틈이 있답니다.

그런데 두개골이 너무 빨리 뇌를 단단히 감싸면 더 이상 머리가 크지 않아서 뇌가 자라지 못하게 된답니다. 그러면 지능이 거의 성장을 멈추고, 걸음도 잘 걷지 못하게 되지요. 이 경우 마음도 자라지 못하게 되지요. 마음도 뇌가 자라는 것과 관계가 있답니다.

어린이의 마음과 어른의 마음은 분명 다르지요. 그것은 경험의 차이에서 오기도 하지만, 뇌의 발달 상태와도 많은 관련이 있답니다. 이런 것을 생각해 보면 뇌에 마음이 있다는 말이 분명 맞는 것 같습니다.

그러나 아직 뇌에 관해서는 모르는 게 많답니다. 뇌에 대해 모르니 마음의 신비에 대해서도 잘 모른답니다. 과학이 더 발달하여 뇌의 모든 것이 밝혀지는 날이 온다면 마음에 대해서도 잘 알게 될 것입니다.

한편으론 그런 날이 온다면 세상이 좀 재미가 없어질 것 같다는 생각도 들어요. 사람이 세상의 모든 것을 다 알게 된다면 재미가 없을 것 같지 않나요? 마음은 신비스러운 부분으로 남아 있는 게 더 좋다는 생각을 가끔 해요. 물론 나만의 생각이지만요.

마음은 한 사람이 살아가는 방향키와도 같지요. 여러분은 배의 앞쪽에 방향키가 있어 그 키가 움직이는 방향에 따라 움직이는 것을 알고 있나요? 그와 마찬가지로 우리의 행동에도 방향키가 있다고 생각합니다. 그것은 바로 마음이지요. 마음이 가리키는 방향으로 우리는 살아가게 된답니다. 그러므로 바른 마음, 건강한 마음을 갖는 것은 참으로 중요한 일인지 모릅니다.

신비롭게만 여겨지던 마음도 이제 뇌에 있다는 것이 알려졌습니다. 뇌를 연구한다는 것은 건강한 뇌를 갖게 하기 위해서 필요한지도 모르겠습니다. 어쨌거나 여러분 모두 건강한 뇌, 건강한 마음을 갖기 바랍니다.

그렇다면 마음은 뇌의 어느 부분에 집을 짓고 살까요? 정확히 마음이 뇌의 어디에 있다고 말할 수는 없답니다. 마음은 부피가 있는 게 아니라 뇌의 작용으로 나타나니까요. 마음을 나타내는 곳은 뇌의 어느 부분일까요? 뇌 전체가 마음을 만들어 낼까요, 아니면 뇌의 일부분일까요?

감정이 생겨나는 곳

마음이 어디에서 생겨나는지 알아보기 전에 감정에 대해 먼저 이야기를 하려고 해요. 감정이란 참 여러 가지예요. 기쁨, 슬픔, 분함, 두려움, 허무함, 수치스러움, 사랑, 미움, 애잔함, 그리움, 서운함……. 감정을 나타내는 말은 참 여러 가지인 것을 알 수 있습니다. 그만큼 사람의 감정은 복잡하지요. 어떤 때는 자신도 자신의 감정을 잘 헤아리지 못할 때가 있을 정도이니까요. 사람을 '감정의 동물'이라고 하기도 해요. 사람만큼 다양한 감정을 가진 생물도 없기 때문이기도 하고, 또 우리의 행동 중 많은 부분이 감정과 관계가 있기 때문이기도 하지요.

이러한 감정의 상태는 마음과 많은 관련이 있지요. '내 마음은 기쁨으로 가득 찼다', '별을 바라보니 그리운 마음이 더 커졌다', '슬픈 내 마음을 어찌 말로 다할까' 등과 같은 표현을 보면 감정이 마음과 가까운 것임을 알 수 있습니다.

그러나 감정이 곧 마음은 아닙니다. 마음에 감정이 들어 있다는 표현이 맞을 것 같네요. 예를 들어 볼게요. 여러분 중 한 사람이 늘 게으름을 피우다가 어느 날 마음을 굳게 먹었습니다. 그래서 늘 아침 일찍 일어나 운동을 한 후 책상에 앉아 공부를 하게 되었다고 합시다. 자, 이런 경우 감정과는 다른 부분이 마음에 있다는 사실을 알 수 있을 것입니다. 하지만 분명한 사실은 마음이 있는 자리에 감정이 있을 거라는 것입니다.

우리의 뇌에는 감정을 나타내는 부분이 있답니다. 주변에서 일어나는 일이 뇌에 전해지면 그 부분에서 감정이 생겨납니다. 감정이 어디에서 생겨나는지 알아보기 위해서 잠시 뇌의 구조에 대해 다시 한번 생각해 보도록 해요.

지난 시간에 공부했던 것을 기억을 되살려 봐요. 사람의 뇌는 사람답게 하는 뇌와 살아가게 하는 뇌가 있다고 했어요. 사람답게 하는 뇌가 살아가게 하는 뇌의 윗부분에 있는 대뇌이고, 살아가게 하는 뇌는 대뇌의 아랫부분에 마치 기둥처럼 있는 뇌간이라고요.

이제 뇌의 구조에 대해 조금 더 자세히 이야기해 보죠. 사람을 사람답게 하는 것은 대뇌의 겉 부분이랍니다. 이곳을 어려운 말로 대뇌 겉질이라고 하죠. 지난번에 이야기했었지요. 대뇌의 겉 부분이 하는 일은 부분마다 다르다고요. 그리고 사람답게 하는 뇌와 살아가게 하는 뇌 사이에는 사람의 감정과 본능에 관계하는 뇌의 부분이 자리 잡고 있답니다. 그 부분을 어려운 말로 대뇌변연계라고 한답니다. 대뇌변연계

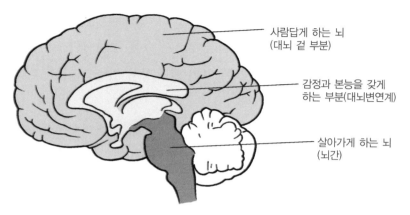

사람답게 하는 뇌
(대뇌 겉 부분)

감정과 본능을 갖게
하는 부분(대뇌변연계)

살아가게 하는 뇌
(뇌간)

는 원래 대뇌와 기원이 같답니다. 무슨 이야기냐 하면 사람
이 엄마 배 속에서 생겨날 때 처음에는 전뇌 · 중뇌 · 후뇌로
나누는데, 대뇌나 대뇌변연계는 모두 전뇌로부터 생겨나지
요.

　전뇌로부터 생겨나는 뇌에는 사이뇌(간뇌)도 있어요. 우리
몸을 일정한 상태로 유지하거나 본능에도 관계하는 뇌이지
요. 그러니까 대뇌, 대뇌변연계, 사이뇌(시상 · 시상 하부)가 원
래 전뇌로부터 생겨난 뇌 부분이지요.

　그리고 둘째 시간에 이야기했던 살아가게 하는 뇌, 즉 뇌간
은 중뇌와 후뇌로부터 생겨나지요. 여기에는 중뇌, 다리뇌(뇌
교), 연수가 포함되지요. 이야기가 나온 김에 중뇌, 연수, 소
뇌가 무엇을 하는지 잠시 알아보도록 해요.

과학자의 비밀노트

시상(thalamus)

간뇌의 대부분을 차지하는 회백질부이다. 많은 신경핵군으로 이루어져 있으며, 좌우 대뇌반구에 하나씩 자리잡고 있다. 뇌간과 전뇌 사이에 위치한다.

시상 하부(hypothalamus)

시상의 아래쪽에서 뇌하수체로 이어지는 부분이다. 뇌를 정중선에서 절단하여 안쪽을 보면 제3 뇌실의 주위 하반부에 해당한다. 수많은 뉴런(신경 세포)과 신경 섬유가 복잡하게 얽혀 있으며, 그중에서 뉴런 집단이 비교적 뚜렷한 곳을 핵이라고 한다.

기능은 다음과 같다.

첫째, 더울 때는 땀을 내고 추울 때는 떨림 등의 반응을 하여 체온을 조절한다.

둘째, 혈관 내 영양 수준의 변화와 지방 세포에 의해 분비되는 화학 물질에 반응하여 음식 섭취량을 조절한다.

이 밖에 뇌하수체 기능 조절, 신체 리듬 조절, 자율 신경계 기능의 통합 등 신체의 항상성을 유지하는 일을 한다.

연수는 심장 운동, 호흡 운동, 소화 운동 등을 조절해요. 정말로 우리가 살아가는 데 없어서는 안 될 뇌이지요. 중뇌는 동공 반사를 조절하고, 대뇌와 척수를 잇는 중계소 기능을 하지요. 소뇌는 몸의 균형을 잡는 기능을 하고요.

자, 다시 감정에 관해 이야기하도록 하지요. 우리의 감정은 전뇌로부터 생겨난 뇌의 부분에서 생겨납니다. 대뇌변연계

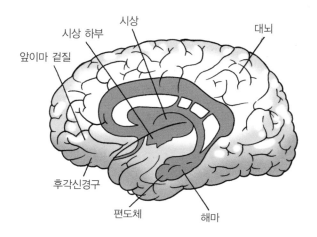

앞이마 겉질 시상 하부 시상 대뇌

후각신경구 편도체 해마

가 그중에서 한 부분이고요. 자, 위에 나오는 그림을 보세요. 대뇌변연계는 대뇌의 아래쪽에 고리처럼 생긴 모양을 하고 있답니다. 이 부분은 우리의 마음과 깊은 관계가 있는 게 틀림없습니다. 왜냐하면 감정이 마음을 만들어 내는 원료 중의 하나이니까요.

대뇌변연계에 대해 좀 더 이야기를 하도록 하지요. 그 부분에는 두려움을 느끼는 곳도 있답니다. 바로 그림에 나타나 있는 편도체라는 부분이지요. 쥐를 대상으로 한 실험에서 편도체를 없애 버리면 쥐가 두려움을 못 느낀다고 합니다. 여러분은 어두운 밤길을 혼자 갈 때 두려움을 느끼지 않나요? 무서운 이야기를 듣거나 무서운 영화를 보면 소름이 돋고 머리카락이 서는 느낌이 들지요. 이렇게 공포의 느낌을 불러일으키는 부분이 편도체라는 것이지요.

어린 시절에는 편도체가 커서 특히 공포를 많이 느껴요. 하지만 어른이 되면 두려움이 많이 줄어들지요. 사람의 경우 편도체에 이상이 생기면 감정의 표현과 이해에도 어려움을 겪는 것으로 알려져 있답니다. 편도체는 무서움뿐 아니라 기쁨과 슬픔, 좋음과 나쁨 같은 감정에도 관계하고 있답니다.

우리는 누구를 만나면 싫어하거나 좋아하는 느낌을 갖게 되지요. 그것은 미묘한 것이에요. 예를 들어, 어떤 연예인이 있다고 해요. 대부분의 사람들은 그 연예인을 좋아하는데 어떤 사람은 아주 싫어해요. 그래서 그 연예인만 나오면 TV 채널을 돌려 버려요. 이런 것을 보면 좋아하거나 싫어하는 것은 아주 개인적인 취향이라는 걸 알 수 있어요. 친구를 사귀는 것도 마찬가지예요. 누굴 만나면 거의 순간적으로 좋고 나쁨을 느끼는 경우가 많아요.

남녀가 만나서 사랑에 빠지는 것도 한순간에 일어나는 경우가 많아요. 첫눈에 반했다는 말은 다 대뇌변연계의 작용과 관계가 있다고 할 수 있지요.

여러분도 그런 경험을 했는지 몰라요. 다른 이성 친구를 만나면 그렇지 않은데 유독 한 이성 친구를 만나면 가슴이 쿵쾅

거리는 경험 말이에요. 그 친구 앞에만 가면 얼굴이 빨개지
고, 말도 잘 안 나오고 행동이 참 부자연스러워지지요. 다른
이성에게는 그렇지 않은데요. 참 이상한 일이지요. 이런 현
상은 대뇌변연계와 관련이 많답니다.

　감정에 대해 이야기하다 보니 생각나는 게 하나 있네요. 우
리의 얼굴은 아주 많은 표정을 가지고 있지요. 그리고 표정
에는 마음의 움직임이나 감정 상태가 드러나 있답니다. 얼굴
빛이 좋지 않으면 무슨 일이 있느냐고 물어보게 됩니다. 얼
굴이 환히 빛나면 뭔가 좋은 일이 있다는 것을 알게 되고요.

얼굴 표정에는 좋아하는지 싫어하는지 드러납니다. 뇌에서 나타나는 감정의 상태가 얼굴에 표현됩니다.

이렇게 얼굴에 감정이 표현되는 것은 여러모로 좋은 점이 있다고 생각합니다. 굳이 말로 하지 않아도 그 사람의 감정 상태를 알 수 있기 때문입니다. 사람과 사람이 만났을 때 서로 마음이나 감정의 상태를 교환하는 수단이 곧 얼굴 표정인 것입니다. 그래서 다른 사람의 마음을 읽고 그에 맞게 반응할 수 있게 되는 것입니다.

한편, 대뇌변연계는 본능을 나타내는 데도 관계를 해요. 본능은 대뇌변연계의 아래에 있는 사이뇌도 관여를 한다고 알려져 있지요. 본능은 감정과는 좀 다르지요. 하지만 아주 관계가 없다고는 할 수 없어요.

예를 들어, 남녀가 서로 좋아하는 것은 본능이라고도 할 수 있어요. 그러나 사랑하는 감정을 본능이라고 하기에는 좀 그렇죠. 사랑하는 감정은 아무에게나 일어나는 게 아니니까요. 그래서 감정이란 본능이 좀 복잡하게 표현되는 것이 아닌가 하는 생각도 하게 되지요. 감정의 바닥에 본능이 있다고나 할까요.

본능이란 노력하지 않아도 선천적으로 갖게 되는 것을 말해요. 하지만 본능이 없으면 살아가는 힘을 잃게 돼요. 예를 들어 볼게요. 먹는 것은 본능이지요. 갓난아이가 처음 태어나서 엄마 젖을 빨아요. 아무도 아이에게 엄마 젖을 먹어야 산다고 가르쳐 주지 않았어요. 젖을 빠는 방법도 가르쳐 주지 않았어요. 하지만 아이는 알아요. 그것이 자기가 살길이라는 것을요.

남녀가 서로 좋아하는 것도 마찬가지예요. 남녀가 서로 좋아하는 것은 아주 강한 본능이에요. 그래야 자식을 낳게 되고, 그래야 인류가 번성하지요. 남녀가 서로 아무 관심이 없다면 인구는 아주 빨리 줄어들고, 마침내 지구상에서 자취를 감춰 버릴 거예요. 이러한 본능을 나타내는 것이 대뇌변연계이지요.

그런데 대뇌변연계의 활동은 그대로 외부로 나타나지 않아요. 사람은 감정과 본능을 조절하는 뇌, 즉 사람답게 하는 뇌가 있어 통제를 하니까요. 만일 사람에게 사람답게 하는 뇌가 없다면 어떻게 될까요? 그래서 감정과 본능이 조절되지 않는다면 어떻게 될까요?

이해를 돕기 위해 잠시 원시 시대로 돌아가 볼게요. 살아남기 위해 다른 동물을 잡아먹는 정글을 생각해도 좋아요. 그런 곳에서는 대뇌와 뇌간 사이의 중간 부분, 즉 대뇌변연계의 작용이 중요할 것입니다. 남을 공격하는 행동, 먹이를 찾

아나서는 행동이 중요하니까요.

그러나 우리가 사는 세상은 정글이 아니지요. 먹고 먹히는 관계만 있는 정글이 아닙니다. 우리가 사는 세상이 정글과 같다면 우리 사회는 금방 혼란스러워질 것입니다. 거리에는 서로 싸우는 사람이 가득하고, 여성들은 마음 놓고 거리를 다니기 어려울 것입니다. 아마 잠도 제대로 잘 수가 없을 것입니다. 그래서 우리가 사는 세상에서는 사람답게 하는 뇌도 필요한 것입니다.

사실 사람도 다른 동물과 같이 여러 가지 욕망을 가지고 있지요. 사람의 마음속 깊은 곳에는 동물과 같은 부분이 남아 있답니다. 그러나 사람은 자기 하고 싶은 대로 살지 않지요.

자기의 감정을 절제하고, 욕망을 조절하며 살아갑니다. 만일 자기 하고 싶은 대로 살아가는 사람이 있다면 아마 그 사람은 곧 경찰서로 가게 될 것입니다.

여러분 권투나 격투기를 본 적이 있지요? 권투는 정해진 곳에서만 해야 되지요. 만일 링 밖에서 서로 권투를 한다면 바로 경찰서로 가게 되지요. 그러나 링 안에서 하면 운동 경기가 됩니다. 사람의 마음에는 싸우고 싶은 본능이 있는 것 같아요. 그러나 사람은 함부로 싸우지 않아요. 정해진 규칙에 따라 싸웁니다. 사람답게 하는 뇌가 본능의 뇌를 조절하는 거지요.

그런 면에서 보면 뇌의 구조가 참 재미있다는 생각을 다시 한번 하게 돼요. 즉, 사람답게 하는 뇌가 맨 위에 있어 감정을 지배하는 뇌를 조절하는 것이지요. 그런데 가끔 몹시 흥분하면 대뇌가 감정을 나타내는 뇌를 조절하지 못하는 경우가 생겨요. 그래서 서로 다투고 주먹질까지 하는 거지요. 하지만 화가 풀리고 나서는 내가 왜 그랬지 하고 후회를 합니다. 흔히 청소년기에 이런 일이 자주 일어나지요. 청소년기에 싸움을 많이 하는 것을 볼 수 있습니다. 그것은 감정을 잘 억누르지 못하는 청소년기의 특징 때문이에요.

하지만 만일 대뇌가 손상되지 않았더라도 제대로 작동하지 않는다면, 그러고도 살 수 있다면 우리는 본능에 의해 살아가게 될 거예요. 다른 동물과 마찬가지로요. 절대로 행동을 조심하는 일이 없을 거예요. 먹을 게 있으면 무조건 집어먹고요.

술에 취한 어른이 아무렇게나 행동하는 것을 본 적이 있나요? 길에서 큰 소리로 노래 부르고, 서로 싸우기도 하고, 심지어 길에서 오줌을 누기도 하고요. 다 사람답게 하는 뇌에 혼란이 생겨서 그런 거지요. 대뇌가 작동을 잘 못하면 사람의 행동이 점점 동물과 가까워져 갑니다.

마음이 있는 자리

지금까지 감정과 본능을 나타내는 뇌, 즉 대뇌변연계에 대해 설명하였습니다. 이렇게 대뇌변연계에 대해서 길게 말한 까닭은 마음이 나타나는 곳이 어디인지를 이야기하고 싶었기 때문입니다.

마음이 뇌의 작용에 의해 나타난다면 도대체 어떤 뇌가 작용한 결과일까요? 그것은 사람답게 하는 뇌, 즉 대뇌와 감정을 나타내는 부분인 대뇌변연계가 함께 협동하여 마음을 만들어 낸다고 보는 것이 옳을 것입니다. 물론 아직 마음의 만들어지는 과정에 대해서 모르는 부분이 많지만요.

지난 시간에 뇌를 다친 청년 이야기를 했었지요. 사람의 대뇌 앞부분은 감정과 아주 깊은 관계가 있다는 것이 알려져 있답니다. 질병이나 사고로 대뇌 앞부분을 다친 경우, 생각하는 힘이나 기억력은 별다른 차이를 보이지 않는데 감정과 정서에는 많은 변화가 생겼습니다.

좀 더 설명하면 대뇌 앞부분을 다친 사람은 감정이나 정서가 메마르게 됩니다. 예를 들어 아주 감동적인 영화를 보았다고 합시다. 영화가 끝난 뒤 많은 관객이 감동하여 자리를 뜨지 못합니다. 그 감동을 오래오래 느끼고 싶어 합니다. 행복한 감정을 느끼고, 삶의 용기를 얻게 됩니다.

하지만 대뇌 앞부분을 다친 사람은 별다른 감동을 느끼지 못합니다. 그에게는 별다른 마음의 움직임을 찾아볼 수 없습니다. 그리고 대뇌 앞부분이 손상된 사람에게서 나타나는 또 하나의 특징은 어떤 목표를 세우고 그것을 이루기 위해 노력하는 능력이 줄어든다는 것입니다. 꿈을 이루기 위해 굳게 마음을 먹고, 미래 자신의 모습을 그리며 앞으로 나아가는 힘은 삶에 얼마나 중요한가요? 그러나 대뇌의 손상은 그런 마음이 줄어들게 합니다.

자, 이제 이번 시간을 마무리하도록 하죠. 한 사람의 마음은 뇌의 성장과 환경에 따라 달라진다고 했지요. 그 사람의 마음은 그러한 것을 바탕으로 한 뇌의 작용에 의해 나타나는 것입니다. 그리고 마음을 나타내는 작용을 하는 것은 주로 대뇌와 대뇌변연계라고 할 수 있습니다.

　하지만 아직 마음은 신비의 세계입니다. 사람의 마음은 우주보다 더 넓을 수도 있습니다. 반대로 바늘구멍처럼 좁을 수도 있고요. 사람의 마음은 바다보다 깊을 수도 있어요. 히말라야 산보다 더 높을 수도 있고요. 우리 친구들 여러분에게는 누구도 알 수 없는 자신의 마음이 있답니다. 누구나 신비한 마음을 가지고 있는 것입니다. 그 마음을 잘 가꿔 가길 바랍니다. 오늘은 여기서 마치고 다음 시간에 만나요.

5

서로 다른 마음

우리는 서로 다른 마음을 가지고 살아갑니다.
마음이 다른 이유는 무엇일까요?
그 이유를 뇌와 관련지어 생각해 봅시다.

5

다섯 번째 수업

서로 다른 마음

에덜먼이 지난 시간에 이어
마음에 대한 주제로
다섯 번째 수업을 시작했다.

지난 두 시간에는 마음에 대해 이야기했습니다. 우리는 이제 마음이 뇌에 있으며, 마음을 나타내는 뇌가 있다는 것을 알았습니다. 이번 시간까지는 마음에 대해 이야기하려고 해요.

우리가 친구를 만나는 것은 마음과 마음이 만나는 것입니다. 어떻게 마음과 마음이 만날 수 있을까요? 우리는 마음을 전하는 훌륭한 수단을 가지고 있지요. 바로 언어입니다. 우리는 말이나 글을 통해 자신의 마음을 남에게 전할 수 있어요. 요즘은 친구에게 휴대 전화를 이용해 문자 메시지를 많이 보내지요. 결국 문자를 이용해 마음이 전해지는 겁니다.

마음을 전하는 것은 언어뿐이 아니지요. 우리의 표정도 마음을 전하는 수단이 되지요. 기쁜 표정, 슬픈 표정, 화난 표정 등 우리가 가지고 있는 표정은 아주 다양해요. 이렇게 언어나 표정을 통해서 우리는 마음끼리 소통할 수 있답니다.

이렇게 마음과 마음이 만나는 것에 대해 이야기를 하는 까닭은 마음과 마음이 서로 다르다는 것을 말하고 싶어서랍니다. 우리가 친구를 만나는 것은 서로 다른 마음이 만나는 것이기 때문입니다.

세상에는 같은 마음이 없답니다. 사람은 사람마다 자신만의 마음을 갖는답니다. 여러분이 아무리 친한 친구가 있더라도 그 친구의 마음과 여러분의 마음은 분명 다르답니다. 여러분의 형이나 언니, 동생과도 마음이 다르지요. 그러면 사람마다 서로 다른 마음을 가지는 이유는 무엇일까요?

마음이 뇌에 있다고 했으니 마음이 서로 다르다는 것은 뇌의 구조가 서로 다르다는 것을 의미할까요? 아니면 뇌의 생김새는 모두 같은데 뇌의 작용이 달라 마음이 서로 다를까요?

  세상에 같은 사람은 없습니다. 반 친구들의 얼굴을 보세요. 분명 입, 눈, 코, 귀는 다 있지만 그것들의 모양이나 배치가 달라서 각자 다른 얼굴을 갖게 되지요. 정말 신기한 일이라 하지 않을 수 없어요. 반뿐만 아니라 세계 어디에도 같은 사람은 없어요. 이렇게 사람이 서로 다른 가장 큰 이유는 유전자가 다르기 때문이랍니다. 유전자는 우리의 생김새를 결정 짓는답니다.

  유전자는 부모에게 물려받지요. 우리가 부모를 닮는 것은 부모에게 유전자를 받았기 때문입니다. 즉 우리는 엄마와 아빠 유전자의 절반을 물려받아요. 그래서 우리의 유전자는 엄마하고도 다르고, 아빠하고도 다르게 되지요. 그래서 우리는 엄마 아빠를 닮지만 똑같지 않아요.

우리의 뇌도 부모님으로부터 물려받은 유전자에 의해 만들어진답니다. 그런데 그 유전자가 사람마다 다르니 세상에는 뇌가 같은 사람이 없는 거랍니다.

　　잠시 남녀의 차이에 대해 생각을 하고 넘어갔으면 해요. 여러분은 남자와 여자의 마음이 서로 다르다는 것을 느끼는지요? 남자아이와 여자아이가 놀이하는 것을 보면 참 다르다는 것을 느낄 수 있어요. 여자아이들은 인형을 갖고 놀거나 소꿉놀이를 좋아하지요. 하지만 남자아이들은 장난감 자동차를 가지고 놀거나 운동장에서 뛰어놀기를 좋아해요.

　　그림을 그리는 것을 봐도 알 수 있어요. 여자아이들은 예쁜 옷을 입은 공주를 그리거나 꽃이나 나비 등을 잘 그리지요. 하지만 남자아이들은 자동차나 우주선 따위를 잘 그려요. 여

자아이들은 아름다움을 나타내려고 하는 반면, 남자아이들은 움직임을 나타내려고 하지요.

언젠가 여름철에 여자 고등학교를 가 본 적이 있어요. 운동장에 풀이 아주 많이 나 있는 것을 볼 수 있었어요. 학교에서도 풀을 뽑다 지쳤는지 그대로 놔두고 있었지요. 남자 고등학교에서는 운동장에 풀이 나기가 어렵지요. 쉬는 시간이면 달려 나가 축구를 하거든요. 이렇게 남녀는 행동이 다르지요. 행동은 마음이 나타내는 것이니 남녀는 마음이 다른 게 분명하지요. 대체로 여자의 마음은 세심하지요. 반면에 남자는 대체로 무심한 편이고요.

이렇게 남자와 여자의 마음이 다른 것은 뇌 구조의 차이와도 관계가 있어요. 뇌의 구조가 달라지는 것은 태아 시절에 아이의 정소에서 분비되는 남성 호르몬에 의해 좌우되는 것으로 알려져 있지요. 남성 호르몬이 분비되면 남자의 뇌가 만들어지고, 남성 호르몬이 분비되지 않으면 여자의 뇌가 만들어지지요.

사춘기에 들어서면 남녀의 차이는 더 크게 나타나지요. 사춘기에는 우선 몸의 모양이 많이 달라지는 것을 보게 되지요. 남학생은 턱에 수염이 나기 시작하고, 목소리가 굵어지며 골격이 커져요. 그런데 여학생은 가슴이 나오고, 피부가 더 고와지지요. 이러한 차이는 남성 호르몬이나 여성 호르몬과 같은 성호르몬에서 비롯한답니다.

사춘기의 변화는 몸에만 나타나는 것은 아니지요. 마음에도 나타난답니다. 사춘기부터 분비되기 시작하는 성호르몬은 대뇌변연계에 영향을 준답니다. 지난 시간에 대뇌변연계는 감정을 나타낸다고 그랬었지요. 성호르몬이 대뇌변연계에 영향을 주니 남녀는 더욱 다른 감정을 갖게 되고, 나아가 다른 마음을 갖게 되는 거랍니다.

여러분은 엄마, 아빠가 가끔 다투시는 모습을 본 적이 있을 것입니다. 물론 전혀 안 다투는 엄마, 아빠가 있긴 하지만요. 하여간 엄마, 아빠가 다투시는 까닭은 남녀가 뇌 구조가 다르기 때문이기도 하답니다. 뇌 구조가 다르니 다른 마음이 나타나고, 서로 이해를 못하니 다투는 거지요. 여러분도 나중에 결혼하면 이러한 점을 잘 생각하기를 바랄게요. '도대체 왜 저럴까?', '정말 이해가 안 돼!' 라고 하지 말고, '아! 원래 남녀는 뇌 구조가 좀 달라서 그런 거야' 라고 차이를 인정하라는 말입니다. 그러면 가정에 평화가 깃들지 않겠어요?

갑자기 남녀의 마음의 차이를 이야기한 까닭은 뇌 구조의 차이가 마음의 차이를 만드는 이유가 될 수 있다는 것을 말하고 싶었기 때문이에요.

마음에 영향을 주는 환경

우리는 흔히 성격이나 지능이 유전된다고 말합니다. 이 말 속에는 그 사람의 뇌 구조나 활동이 유전적으로 결정된다는 말이 숨겨져 있습니다. 그런데 여기서 우리가 생각해야 할 것이 있답니다. 그것은 유전자의 활동이 환경의 영향을 받는다는 점입니다.

환경이 유전자의 작용에 영향을 준다는 것은 다음의 예를 보면 알 수 있어요. 자, 다음 쪽에 나오는 그림을 보세요. 이 그림은 미나리아재비가 물에서 자라는 모습을 나타낸 것이에요.

미나리아재비의 자라는 모습을 보면 물에 잠긴 부분과 물 밖에 나와 있는 부분의 줄기 모양이 아주 다르지요. 도저히 같은 줄기에서 나온 잎이라고 믿어지지 않아요. 물론 수면 윗부분과 아랫부분의 유전자는 같지요. 그런데도 공기와 물이라는 환경의 차이가 전혀 다른 생김새를 만들어 내지요.

이처럼 환경이 형질이 나타나는 데 영향을 주는 까닭은 환경이 유전자가 활동하는 데 영향을 주기 때문입니다. 결국 같은 유전자라 할지라도 환경에 의해 활동이 달라지고, 결과적으로 다른 모습을 만들어 내는 것이지요.

공기와 물이라는 환경이 생김새에 영향을 주었어요.

우리가 환경이라고 말할 때 여러 가지를 의미한답니다. 이를테면 어떤 가정에서는 김치찌개를 즐겨 먹는데 다른 집에서는 된장찌개를 좋아합니다. 어떤 가정에서는 떡을 즐겨 먹는데, 다른 가정에서는 빵을 즐겨 먹어요. 이렇게 즐겨 먹는 음식이 다른 것도 환경이랍니다. 비단 의식주에 관계된 것만 환경은 아니랍니다.

어떤 가정에서는 TV를 아주 즐겨 보는데, 어떤 가정에서는 늘 책을 즐겨 본다고 해 봐요. 그것 또한 환경입니다. 문화적인 환경이지요. 어떤 부모는 엄해서 조금만 잘못해도 몹시 꾸지람을 하는 반면, 어떤 부모는 너그러워서 웬만한 잘못은 그냥 넘어가요. 이런 것도 환경입니다. 이러한 소소한 환경도 사람의 마음을 형성하는 데 영향을 준답니다.

여러분은 아마도 자랄 때의 환경과 성격이 어느 정도 관계가 있다는 것을 알고 있을 것입니다. 특히, 부모로부터 사랑을 듬뿍 받고 자란 경우와 학대를 받고 자란 경우의 마음 상태는 아주 다르다고 볼 수 있습니다. 가끔 TV에서 어른에게 매를 많이 맞고 자라는 어린이에 대해 보도하는 것을 보게 되지요. 거기에 나오는 어린이 대부분은 주변을 끊임없이 살피고 매우 불안한 행동을 보이지요.

한 연구에 따르면 어린 시절에 학대를 받으면서 자라면 두뇌의 발달이 나빠진다고 합니다. 학대를 받으면 항상 긴장하게 되면서 뇌의 성장을 방해하는 물질이 생겨나 발달을 방해한다는 것이지요. 그러면 성격과 기억력 등에 영향을 준다는 것이지요. 이렇게 자랄 때의 환경은 뇌의 성장에 영향을 주기 때문에 환경은 마음이 만들어지는 데 영향을 주게 되지요.

엄격하게 말해서 같은 환경에서 자라는 사람은 없다고 해도 과언이 아니랍니다. 가정이 다르고, 학교가 다르고, 사는 지역이 다르지요. 같은 가정에서 자랐다고 해도 시기가 다르면 다른 환경이라고 할 수가 있지요. 한 가정의 식생활 습관이나 경제적 수준이 달라지는 경우가 많으니까요. 한 사람이 자라는 환경은 그 사람의 경험을 다른 사람과 다르게 만들지요. 그러므로 사람마다 자기만의 기억을 갖게 된답니다. 그러한 기억은 마음이 나타나는 데 많은 영향을 주지요.

환경은 경험과 같은 의미로 이용되기도 해요. 서로 유전자가 같다고 해도 경험이 다르면 뇌는 다르게 만들어지지요. 유전자가 같은 두 사람이 있다고 가정해 봐요. 한 사람은 야구 선수가 되기 위해 꾸준히 연습을 하고, 한 사람은 화가가 되기 위해 열심히 그림을 그렸다고 해요. 이 두 사람의 뇌를 사진으로 찍는다면 그 모습이 아주 다를 게 분명합니다.

뇌는 어느 부분을 많이 이용하느냐에 따라 달라진답니다. 마치 축구 선수와 배구 선수의 근육이 서로 다르듯이 말입니다. 경험과 뇌의 변화에 대해서는 내가 새롭게 제안한 이론인 신경 다원주의라는 이론으로 설명을 했지요. 이제는 많은 사람들이 이 이론을 받아들이게 되었지요. 이 이론에 대해서는 나중에 따로 시간을 내서 이야기하도록 하겠어요. 어쨌거나 우리의 뇌는 경험에 의해 변할 수 있답니다.

이제 사람마다 마음이 다른 것에 대해 설명되었네요. 요약하자면 이렇지요. 마음의 집인 뇌가 서로 다르고, 경험에 의해 뇌에 입력된 기억이 다르기 때문에 마음이 서로 달라지는 것입니다. 그래서 사람마다 자신만의 마음을 갖게 되는 거지

과학자의 비밀노트

신경 다원주의(Neural Darwinism)
에덜먼이 1990년 전후 제창한 신경 발달 과정에 관한 이론으로 뇌 기반 인지론의 새로운 패러다임이다. 사람의 뇌는 영아 때 대량의 신경망을 만들어 내고, 자라면서 그중 자극을 많이 받은 것이 선택되어 고유한 인지 능력을 형성한다는 주장이다.

요. 남과 다른 자신만의 마음을요.

인생은 만남이라는 말이 있어요. 부모와 형제, 자매를 만나고, 친구를 만나고, 선생님을 만나고, 나중에 배우자를 만나고, 자식을 만나고……. 우리가 살아가는 것은 만남의 연속이지요. 누굴 만난다는 것은 자신과 다른 마음을 만나는 거지요. 왜냐하면 자기와 같은 마음은 없으니까요. 그래서 서로가 서로를 이해하는 것이 필요하답니다. 서로가 이해하기를 멈출 때 우리는 결코 행복해질 수 없답니다.

마음의 틀은 어린 시절에 만들어지는 게 아닐까 해요. 뇌의 성장과 더불어 경험이 아주 중요하니까요. 특히 어린 시절의 경험은 평생 동안 영향을 미치게 되지요. 그래서 어린이는 사랑을 받고 자라야 하며, 교육을 잘 받아야 하고, 충분한 영양을 섭취해야 하는 것입니다. 몸과 마음이 모두 건강해야

마음을 만드는 데 영향을 주는 환경

행복한 인생을 살 수 있거든요.

　이 책을 읽는 여러분은 아마도 초등학교 고학년이거나 중학생, 혹은 고등학생일 것입니다. 여러분 나이에 마음을 어떻게 만들어 가야 할까요? 여러분의 가정 환경을 바꿔야 할까요? 학교를 바꿔야 할까요? 그럴 수는 없지요.

　스스로 좋은 마음을 가꿔 가는 데 유익한 두 가지 방법이 있습니다. 하나는 좋은 책을 많이 보는 거예요. 여러분의 마음을 잘 가꿔 가기에 적합한 책은 아주 많답니다. 그런 책을 읽고 생각하다 보면 마음이 점점 넓어지고 깊어지고 아름다워지는 것입니다. 독서는 간접 경험이라고 합니다. 좋은 책을 읽는다는 것은 좋은 경험을 쌓는 길입니다.

또 한 가지 방법은 좋은 친구를 만나는 것입니다. 친구와 교제하는 것은 여러분의 마음과 친구의 마음이 만나는 것입니다. 좋은 친구를 만난다는 것은 좋은 마음을 만나는 것입니다. 좋은 마음을 만나면 자신의 마음도 좋아지지요. 좋은 마음에서 우러나오는 말과 행동을 보노라면 어느새 자신도 그런 행동을 닮아가고, 좋은 마음을 갖게 되는 게 아닐까요?

그 밖에도 운동을 한다거나 여행을 한다거나 좋은 음악이나 영화를 감상하는 것도 마음을 풍요롭게 하는 방법이 될 것입니다. 하지만 나는 여러분은 늘 학원에 가야 하는 것을 알고 있지요. 그래서 여러분을 생각하면 늘 마음이 아프답니다.

최근 연구에 따르면 뇌는 수시로 변한다는 사실이 밝혀졌습니다. 여러분, 지난 시간에 신경 세포인 뉴런과 뉴런 사이에 연결되는 부분이 있다고 했지요? 하나의 뉴런은 다른 세포와 수많은 연결점이 있고 그런 연결점은 뇌의 활동에 따라 수시로 모습이 바뀐답니다. 뇌는 불변하는 것이 아니라 변한다는 것이지요. 이는 마음도 바뀔 수 있다는 것을 말해 줍니다.

가끔 영화나 TV 드라마에 이런 대사가 나오는 것을 듣게
돼요. "나는 예전의 내가 아니야." 혹은 "너, 너무 많이 변했
어. 내가 알던 네가 아니야." 이 말들은 마음이 변할 수 있다
는 것을 나타내지요.
　여러분의 마음을 더 나은 마음으로 끊임없이 바꿔 가길 바
랍니다.

생일을 축하해요.

경희야, 오늘 너 생일이지? 생일 축하해! 널 위해 생일 선물 준비했지.

내 생일을 알고 있었어? 고마워~

여기~ 음. 영화 〈공룡 대탐험〉 티켓 두 장을 샀지. 영화 보러 가자!

뭐? 난 공룡이 무섭고 싫어. 공룡은 딱 질색이야. **징그럽다고!**

윽~

사람의 마음은 각자 다르죠. 특히 남자와 여자는 다른 점이 많아요.

흥!

엥?

년 나에 대해서 정말 모르는 것 같아.

공룡이 얼마나 멋진데! 그럼 표는 어떡해?

하하하

서로 마음이 달라서 그런 거니까 좋아하고 싫어하는 것도 다를 수밖에 없어요. 자주 대화를 해서 서로를 잘 이해해야 해요.

아, 그런 거였군요. 좋아! 성의를 생각해서 딱 한 번만 가 줄게.

무엇보다도 타인의 마음을 배려하는 자세가 중요해요.

알았어. 너의 마음을 배려하지 못해 미안해. 고마워, 경희야.

영화 보면서 팝콘도 먹자!

나 팝콘보다 오징어를 더 좋아한다고! 앞으로는 나한테 먼저 물어봐 줘.

6

기억하는 뇌

우리는 기억하는 능력을 가지고 있습니다.
기억은 우리가 살아가는 데 정말 필요한 능력입니다.
기억은 어디에 어떻게 저장될까요?

6

여섯 번째 수업

기억하는 뇌

에덜먼이 기억하는 능력에
대한 이야기로
여섯 번째 수업을 시작했다.

뇌의 놀라운 기능, 기억

가끔 드라마에서 기억을 잃어버린 주인공이 나오기도 해
요. 자기가 사랑했던 사람을 기억하지 못하는 경우가 나오지
요. 참 답답한 노릇이지요.

기억하는 능력이 없다면 어떻게 될까요? 생각해 보면 우리
생활은 기억하는 능력이 있기에 가능한 것 같아요. 우리가
하는 모든 일은 기억이라는 기능을 바탕으로 이뤄지는 것이
니까요.

예를 들어 봅시다. 여러분은 사랑하는 가족이 있지요? 가족이란 오랜 시간을 같이한 기억 때문에 진정한 가족이 되지요. 아무리 가족이라 해도 서로 기쁜 일, 슬픈 일, 좋은 일, 궂은 일을 같이 겪은 기억이 없다면 진정한 가족이라고 할 수 없지요. 물론 부모 형제가 누구인지 기억할 수 없다면 더 큰 문제이긴 하지만요.

가족뿐 아니라 친구도 마찬가지이지요. 함께한 시간에 대한 기억이 없다면 친구가 될 수 없는 것이지요. 그리고 아무리 암기를 해도 뇌에 저장이 되지 않는다면 어찌 공부할 수 있겠어요.

무엇보다 기억이 없다면 자기가 누구인지 알 수 없게 될 거예요. 자신이 어디서 태어났는지, 어떻게 살아왔는지, 누구를 만났는지 등을 기억할 수 없다면 결국 자기가 누구인지도 알 수 없게 될 것입니다.

그러므로 기억이란 자기가 누구인지 알게 하고, 그것을 바탕으로 다른 사람과 관계를 맺게 하며, 살아가는 데 유익한 여러 정보를 저장했다가 사용할 수 있게 하는 능력이라고 할 수 있을 것입니다.

이렇게 기억에 대한 이야기를 하는 이유는 뇌의 놀라운 기능인 기억에 대해 이야기하기 위해서랍니다. 우리는 지난 수업에서 신비한 마음에 대해 이야기했었지요. 기억 또한 뇌의 신비한 능력이라고 할 수 있습니다. 기억이란 뇌에 어떤 정보를 저장하는 것을 말하지요. 물론 기억된 것을 불러낼 수 있어야 기억된 것이 쓸모가 있고요.

아직 기억이 어떻게 이뤄지는지, 그리고 어떻게 저장된 정보를 꺼낼 수 있는지 잘 알지는 못한답니다. 하지만 뇌를 이야기할 때 기억이라는 놀라운 능력을 이야기하지 않을 수 없답니다. 자, 이야기를 시작해 보도록 하죠.

기억의 종류

기억에는 여러 종류가 있답니다. 우선 우리가 하는 공부, 예를 들어 뇌에는 대뇌 · 간뇌 · 뇌간이 있다는 사실을 학습하는 것은 기억입니다. 이런 기억의 특징은 언어로 나타낼 수 있다는 것이지요.

우리가 하는 공부는 대부분 언어로 나타낼 수 있는 기억이랍니다. 우리가 시험 볼 때 언어를 사용하지요? 국어, 영어, 수학, 사회 등 대부분의 과목이 언어로 표현되어 있고, 우리는 그것을 언어로 기억하게 된답니다. 언어에 어떤 의미를 담아 기억하는 것이지요.

내 친구 중에는 그림을 아주 좋아하는 친구가 있어요. 그 친구는 웬만한 화가의 그림을 다 기억해요. 그래서 그림을 보면 '아, 이거 누가 그린 그림이야'라면서 금방 알아맞히는 신통한 능력을 갖고 있어요. 그 친구의 뇌 속에는 분명 많은 화가의 그림에 대한 특징이 기억되어 있을 것입니다. 그러니까 자신의 기억과 보이는 그림을 연결해 화가의 이름을 말할 수 있는 것이지요. 이런 기억은 언어로 표현되지 않는 기억이랍니다. 이렇게 기억은 언어로 표현되는 기억이 있고, 그렇지 않은 기억이 있답니다.

우리가 일부러 공부하지는 않지만 어떤 일을 겪으며 기억하게 되는 것도 있지요. 오랫동안 같이 지낸 친구의 발자국 소리나 좋아하는 사람의 냄새는 저절로 알게 되는 것이지요.

또 어딘가 놀러 갔는데 풍경이 너무 아름다웠다면, 여행에서 돌아온 뒤에도 눈을 감고 생각하면 그 풍경이 잘 떠올라요. 유난히 잘 떠오르는 풍경이 있지요. 마치 사진처럼 뇌에 박혀 있는 풍경이라서 언어로 나타낼 수 없지요. 이런 경우는 아까 그림을 보고 작가를 알아내는 것처럼 언어로 표현할 수 없는 기억이긴 하지만 공부를 할 필요가 없다는 점에서는 좀 다르지요.

지금까지 말한 기억은 모두 의식적으로 회상하는 기억들이지요. 하지만 의식적으로 회상할 수 없는 기억이 있답니다. 운동 능력에 대한 기억이지요.

예를 들어, 어떤 사람이 오랜만에 스키를 타러 갔어요. 예전에는 많이 탔었는데 최근 몇 년간 타지 않았었지요. 처음에는 '잘 탈 수 있을까?'라고 생각하며 불안해하지요. 그런데 스키를 조금 타고 나니까 다시 스키를 타는 능력이 돌아오는 거예요. 물론 몇 해 전처럼 급하게 경사진 곳은 잘 내려올 수 없었지만 스키를 즐기는 데는 아무 문제가 없었지요.

여러분도 이런 경험을 했을지 몰라요. 어릴 때 수영을 배우다 그만뒀는데 물에 들어가 보면 자신도 모르게 수영을 하게 되는 것과 같은 경험을 한 적이 있을 거예요. 이러한 것도 기억의 한 종류이지요. 이러한 기억을 흔히 근육이 기억하는 것으로 생각하지만 실제는 뇌가 기억하는 것이랍니다.

지금까지 이야기한 기억의 종류는 어떤 것을 기억하느냐에 따라 나눈 것입니다. 기억의 종류를 구분하는 방법에는 어떤 기억이 오래가는가, 아니면 잠깐만 기억하느냐에 따라 나누는 것도 있지요.

우리는 전화번호를 모를 때 114에 전화하는 경우가 있지요. 그 경우 필기구가 없다면 전화번호를 잠시 암기한 후 전화를 하게 됩니다. 하지만 그 전화번호는 대부분 몇 분 안에 기억에서 사라져 버려요. 또는 여러분이 처음 보는 사람을 여러 명 소개받았을 때 그 이름을 잠시는 기억하지만 다음 날이면 잘 기억이 나지 않게 되지요. 이렇게 잠시 머리에 담아 놓았다가 잊어 버리는 기억을 단기 기억이라고 해요.

하지만 머리에 오랫동안 남아 있는 기억이 있지요. 영어 단어를 외우고 자주 이용하면 어느 때부터는 그 영어 단어를 잊지 않고 계속 기억하게 되지요. 이런 기억은 몇 년 동안 기억에 남아 있지요. 또, 초등학교의 단짝 친구의 이름이라든지, 자기가 살았던 동네 이름은 일생 동안 기억하게 되지요. 이렇게 수개월, 수년, 혹은 일생 동안 기억에 남아 있는 기억을 장기 기억이라고 해요.

공부를 잘하려면 단기 기억도 중요하지만 장기 기억이 중요할 거라는 생각이 드네요. 우리가 어떤 영어 단어의 의미를 읽은 뒤 그냥 덮어 버리면 그 단어의 의미는 금방 잊게 되지요. 하지만 자꾸 반복하여 읽고 사용하면 그 기억이 대단히 오래가게 됩니다. 결국 뭔가를 오랫동안 기억하려면 그 정보를 자꾸 이용하거나 되풀이하여 기억하는 것이 한 가지 방법일 것입니다.

기억이 있는 곳

그러면 오랫동안 어떤 것을 기억하는 경우 그 정보를 어떻게 저장할까요? 이 부분에 대해서는 아직 모르는 게 많답니다. 그러나 최근 연구에 따르면 뇌의 변화에 의해 저장된다는 것이 밝혀지고 있습니다. 우리가 진흙으로 모양을 만들면 그 모양이 그대로 있지요. 그러나 다시 모양을 바꿀 수 있지요. 그리고 그것은 그대로 유지가 됩니다. 기억도 이런 특성이 있다고 보면 되지요. 또, 기억과 관련하여 새로운 시냅스가 생겨난다는 것도 알려져 있지요.

사람은 나이를 먹을수록 기억력이 떨어진다고 하지요. 어떤 사람은 뇌세포가 줄어들어서 그렇다고 하기도 해요. 하지만 이것은 분명하지 않지요. 그보다 최근에는 늙을수록 뇌세포 간의 연결이 엉성해져서 그렇다고 생각을 하지요. 그래서 입력도 잘되지 않고 출력도 잘되지 않는다고나 할까요.

기억은 분명 뇌에 저장됩니다. 그것이 시냅스의 모양이든 다른 방법이든 뇌에 저장된다는 것은 확실하지요. 어떤 형태로든 뇌의 어딘가에 저장되어 있으니 그것을 반복하여 불러 낼 수 있는 것이지요. 그래요, 기억은 반복하여 불러 낼 수 있어야 기억이랍니다. 한 번 불러 내면 없어지는 게 아니라 어떤 형태로든 저장되어 있어야 반복하여 불러 낼 수 있는 거지요.

자기 친구의 전화번호를 암기하였다고 해요. 그것을 오늘 불러 내어 이용하고, 내일 다시 불러 내어 이용해야 기억이 되었다고 말할 수 있지요. 컴퓨터도 어딘가에 정보를 저장해 놓아야 그 정보를 계속 불러 내서 이용할 수 있지 않던가요?

단기 기억은 그 기억을 자꾸 불러 내 사용하면 어느 순간에는 장기 기억으로 변하게 됩니다. 그러나 단기 기억이 어떻게 장기 기억이 되는지는 잘 알려져 있지 않답니다. 그러나 한 가지 이에 대한 힌트가 되는 사건이 있었지요.

어떤 뇌 질환 환자가 있었어요. 그 환자를 치료하기 위해

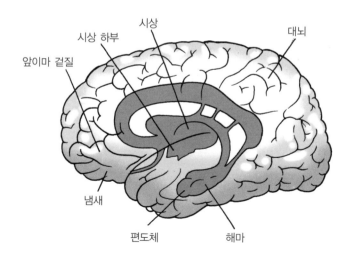

뇌의 일부분을 제거하는 수술을 하였지요. 뇌에는 해마라는 부분이 있답니다. 지난 시간에 감정에 대해 이야기하면서 대뇌 아래 부분에 대뇌변연계라는 부분이 있다고 했지요. 해마라는 부분은 대뇌변연계의 일부분이랍니다. 이 환자는 바로 이 해마가 있는 부분을 제거하는 수술을 받았었지요.

그런데 이 사람의 기억에 문제가 생겼어요. 이 사람이 병실에서 어떤 사람과 처음 만나 이야기를 하다가도 밖에 나갔다가 오면 그 사람을 기억하지 못하는 거예요. 그 사람뿐 아니고 그 사람과 무슨 이야기를 했는지도 기억하지 못했답니다. 수술을 받기 전에 일어났던 일은 기억을 잘하는데, 이상하게도 수술받은 후 처음 겪은 일에 대해서는 10여 분 이상 기억을 하지 못하게 된 거지요.

이 환자가 겪는 기억 장애로 미루어 해마가 하는 일을 짐작해 볼 수 있지요. 그것은 해마가 단기 기억을 어느 부분인가로 보내어 장기 기억으로 저장되게 한다는 거지요. 즉, 해마가 어떤 일에 대한 기억을 분류하여 장기 기억으로 간직할 수 있도록 하는 것입니다. 그러니까 해마는 기억의 정류장이라고 할 수 있지요. 그곳에서 어떤 일에 대한 기억이 오래 기억되는 장소로 이동하는 버스를 타면 기억에 오래 남는 것이고, 버스를 타지 못하면 기억에서 사라지는 것이죠.

또한 해마가 단기 기억을 장기 기억으로 바꾼 다음 그대로 저장하고 있지는 않지요. 만일 해마가 기억을 그대로 간직하고 있다면 해마가 제거되었던 이 환자는 수술 전의 기억도 모두 잊게 될 것입니다. 하지만 해마가 간직하고 있지 않기 때문에 옛날 기억을 모두 가지고 있는 것이지요.

기억이 어느 곳에 오랫동안 저장되는지는 잘 알려져 있지 않지요. 분명한 것은 기억은 어느 한 부분에만 있는 것이 아니라 여러 곳에 저장된다는 것입니다. 일부 어떤 기억은 저장되는 곳이 알려져 있기도 하지요.

기억의 종류에는 앞에서 말한 것처럼 여러 가지가 있지요. 기억의 종류에 따라 저장되는 곳이 다르다고 알려져 있답니다. 기억들은 해마에서 분류되어 저장 장소로 보내집니다.

한 가지 재미있는 사실은 사람의 얼굴을 기억하는 부분도 있답니다. 우리가 누굴 만나면 그 사람을 전에 본 적이 있는지 없는지를 순간적으로 판단하게 됩니다. 이 경우 전에 만났던 사람을 기억하기 때문이지요. 사람 얼굴을 기억하는 것은 대뇌의 옆부분에 있답니다. 어린아이가 엄마의 얼굴을 기억하는 것은 얼굴을 기억하는 뇌세포가 있기 때문이지요.

아무튼 기억들이 한데 묶여 어디에 저장되는지는 앞으로 뇌에 관한 연구가 더 이뤄져야 알 것입니다. 기억의 신비는 언제쯤에 풀릴까요?

기억을 잘하는 방법

여러분은 이런 질문을 하고 싶을 거예요. 어떻게 하면 기억을 잘해서 공부를 잘할 수 있을까요?

여기에 대한 답은 없다고 보는 게 옳지요. 공부에 지름길이 없다는 말이 있을 정도니까요. 하지만 이런 것은 생각해 볼 수 있어요. 우리가 어떤 것을 생생하게 기억하는 것은 직접 체험했을 경우가 많다는 겁니다.

나는 가끔 택시를 타서 기사가 길을 잘 아는 것에 대해 신기하게 생각한 적이 많아요. 어떻게 그런 일이 가능할까요? 책에 지도를 그려 놓고 외우라고 하면 절대 그렇게 다 기억하지 못할 겁니다. 그 이유는 직접 운전하여 그곳에 가 봤기 때문이지요.

여러분이 뇌를 공부한다고 할 때 어느 부분에 대뇌가 있고, 어느 부분에 소뇌가 있는지 잘 기억하려면 뇌를 한번 그려 보세요. 그리고 그곳에 이름을 써 보는 것입니다. 그리고 자기가 그린 그림에 각 뇌가 하는 일을 정성스럽게 쓴 다음 상상을 해 보는 거예요. '아, 내가 지금 책을 읽고 있거든. 음, 그러면 글자의 모습이 대뇌로 가겠네? 대뇌에는 언어를 알아보는 뇌가 있다고 했지? 오, 여기구나.' 이런 식으로 자꾸 체험적으로 기억을 하면 효과적이지요.

또 한 가지 방법은 의미를 부여하는 방법이지요. 우리가 역사를 공부한다고 해 봐요. 그러면 그 시대는 이렇고 저렇고 하며 여러 가지 사실이 나열되지요. 그것을 그냥 외우려고 하면 잘 기억이 되질 않지요. 그 시대를 이야기 식으로 자기 나름으로 꾸미는 거지요. 정말 그 시대에 사는 것처럼 상상하면서 '그런 일이 왜 일어났을까?', '이유는 무엇일까?', '전쟁은 왜 일어났고, 우리나라의 상황은 어떠했는가?' 이런 식으로 자꾸 의미를 생각하며 기억하면 좋답니다. 그러면 시험을 볼 때 자기가 만든 스토리를 기억해 내어 답을 잘 맞힐 수 있지요.

하지만 공부에는 지름길이 없어요. 기억만 잘한다고 공부를 잘하는 것도 아니고요. 내 생각에는 정성을 기울이는 것이야말로 공부를 잘할 수 있는 지름길이라고 생각해요. 정성을 기울이는 일에는 뇌의 능력을 집중하게 되고, 그래서 더욱 능력이 발휘되거든요. 정성을 기울여 자기 나름으로 생각하고 기억하는 방법을 터득하세요. '지성이면 감천이다'는 말처럼 노력하면 하늘이 도울 것입니다.

7

컴퓨터와는 다른 뇌

뇌는 컴퓨터와 다릅니다.
뇌와 컴퓨터가 어떻게 다를까요?

7

일곱 번째 수업
컴퓨터와는 다른 뇌

에덜먼이 뿌듯한 표정으로
일곱 번째 수업을 시작했다.

그동안 뇌에 대해 많은 이야기를 했네요. 이번 시간에는 내가 연구한 것을 중심으로 이야기하려고 해요. 물론 우리 친구들에게는 어려울 거라는 생각은 해요. 하지만 여러분이 알 수 있도록 쉽게 이야기를 할 거예요. 귀를 기울여 주었으면 좋겠어요.

사람들은 나를 위대한 뇌 과학자라고 하거나 뇌 과학에서 가장 앞서 있다고 말해요. 아마 내가《신경 과학과 마음의 세계》,《뇌는 하늘보다 넓다》,《세컨드 네이처》등의 책을 써서 사람들에게 널리 알려져 있기 때문이 아닐까 해요. 사실 내가 가장 위대한 뇌 과학자로 여겨지는 것에 대해 좀 부담스럽긴 해요. 나의 연구 결과는 나 혼자만의 것이 아니라 그간 여러 학자들이 연구한 결과에 내 생각을 더한 것이니까요.

사실은 거의 모든 학문의 발달이 그러하답니다. 먼저 땀 흘려 연구한 선배 과학자의 공로가 없다면 위대한 이론이나 발견이 만들어지기 어려운 것이지요. 자, 그럼 이야기를 시작해 볼까요?

뇌와 컴퓨터가 다른 이유

우리는 흔히 뇌와 컴퓨터를 같은 것으로 생각하기 쉬워요. 하지만 컴퓨터와 뇌는 아주 다르답니다. 먼저 컴퓨터에 대해 생각을 해 봐요. 컴퓨터는 참 위대하지요. 오늘날 우리 생활은 컴퓨터를 빼놓고는 생각하기 어렵지요. 그런데 부속품과 프로그램만 같게 하면 똑같은 컴퓨터를 얼마든지 만들 수 있지요. 그리고 그렇게 만들어진 컴퓨터는 오로지 같은 일만 할 수 있답니다. 결코 서로 다를 수가 없답니다.

예를 들어, 컴퓨터에 푸른 호수의 정경이 입력되었다고 해요. 컴퓨터들은 그것을 오로지 같은 신호로만 받아들이지요.

그리고 반응도 같아요. 오로지 같은 호수만 다시 화면에 나타낼 뿐이지요.

하지만 뇌는 다르답니다. 푸른 호수를 바라보았을 때 사람마다 반응은 같지 않아요. 어떤 사람은 그것을 보고 바다를 상상해요. 또 어떤 사람은 호수를 보면서 아름다운 음악 소리를 듣고, 어떤 사람은 호수에 물고기가 많을 것이라 상상해요. 한편 사랑하는 사람을 떠올리거나 눈물을 흘리는 사람도 있지요.

호수를 바라볼 때 사람마다 반응이 다른 이유가 무엇일까요? 뇌가 다르기 때문이지요. 여기서 뇌가 다르다는 것은 뇌의 모습만 이야기하는 것이 아니에요. 뇌 안에 어떤 형태로든 담겨 있는 한 사람의 경험이 서로 다른 것까지 포함하는 것이지요. 그리고 그러한 경험에 비추어 여러 가지 반응이 나타나는 것이지요.

눈에 비치는 호수의 모습은 모두 같아요. 하지만 그것에 대한 반응은 모두 달라요. 이런 점에 대해서 나는 《신경 과학과 마음의 세계》라는 책에서 사람의 의식이 두 가지가 있다고 구분하여 설명하였지요. 호수를 바라보고, 호수의 모습을 뇌가 아는 것은 기본적인 의식이지요.

지난 수업에서 사람이 보는 행위는 눈이 아니라 뇌가 보는 것이라고 했던 기억이 나지요? 뇌에 나타나는 호수의 모습은 사람마다 크게 다를 게 없어요. 그것은 마치 카메라에 상이 찍혀 나오는 것이나 마찬가지니까요. 여기까지는 개나 소 같은 동물과 별반 다르지 않아요.

하지만 우리 뇌는 호수의 모습을 보는 데서 멈추지 않아요. 호수의 상이 뇌에서 만들어지면 그 호수에 대한 감상이 따라 와요. 그 감상은 그 사람이 살아온 경험에 따라 다르게 나타나지요.

아까 이야기했듯이 호수를 보고 기뻐하는 사람도 있고, 슬퍼하는 사람도 있어요. 이것이 고차원적인 의식이지요. 여기에 우리 뇌의 신비가 있어요. 뇌에는 '이렇게 해석하라', '저렇게 감상하라' 는 어떤 고정된 원리나 명령이 없어요. 사람마다 호수를 보고 다른 감상이 나타나는 이유이지요.

심지어 같은 사람이라고 할지라도 처지에 따라 다른 감상이 나타나기도 하지요. 자기의 경험에 비추어, 그리고 현재의 환경에 따라 다양한 반응이 나타나는 거지요. 이렇게 뇌와 컴퓨터는 서로 아주 다른 세계를 가지고 있답니다.

지난번에 우리의 뇌가 사람마다 다르다는 이야기를 했지요. 왜 다른지 두 가지 이유를 이야기했었어요. 환경과 유전자가 다르기 때문이라고요. 우리의 뇌가 생기기 시작할 때 '이렇게 만들어져라'고 정확히 정해져 있지 않답니다. 순간순간 환경과 반응하면서, 그리고 세포끼리 서로 영향을 주면서 만들어지지요.

그래서 우리의 뇌는 모두 다르답니다. 즉 한 사람의 뇌에는 그 사람이 살아온 흔적이 들어 있지요. 또한 뇌는 지금도 변하고 있답니다. 지금도 주어지는 자극에 반응하면서 뇌는 스스로 변해 가는 것이지요.

이렇게 뇌가 환경에 적응하면서 만들어져 가는 원리에 대해 나는 신경 다윈주의라는 이론으로 설명을 했지요. 이 이론은 나를 뇌 과학자로 유명하게 만든 이론이기도 하답니다.

선택으로 만들어지는 뇌

나의 이론에 대해 여러분이 이해할 수 있는 수준에서 이야기를 해 볼게요.

여러분은 진화론으로 유명한 다윈(Charles Darwin, 1809~1882)을 알지요? 다윈의 진화론의 요점은 선택이랍니다. 선택이란 환경에 알맞은 것은 살아남고, 그렇지 않는 것은 사라진다는 생각이지요. 이러한 생각을 자연 선택이라고 하지요.

예를 들어 볼게요. 숲에 두 가지 나방이 있어요. 한 종류는 날개의 색이 검고, 다른 한 종류는 날개의 색이 희다고 해 봐

요. 나무껍질이 하얀색이면 하얀 날개를 가진 나방이 살아남기 쉬워요. 새의 눈에 잘 띄지 않기 때문이지요. 하지만 나무껍질이 검게 변한다고 해 봐요. 검은색의 나방이 살아남기 쉽지요. 이렇게 환경이 달라지면 그 환경에 유리한 것이 살아남는다는 주장이 자연 선택이지요.

내가 만들어 낸 이론인 신경 다윈주의의 요점은 뇌 안에서 선택이 일어난다는 것입니다. 어떤 선택이 일어날까요? 그것은 세 가지로 요약할 수 있지요.

첫째, 아이가 생겨날 때 뉴런의 선택이 일어난다는 것입니다. 여러분, 뉴런이 무엇이라고 했지요? 신경을 만드는 세포이지요. 뇌도 신경의 한 종류이니 뇌를 이루는 세포가 뉴런이지요. 처음에 아이가 엄마 배 속에서 생겨날 때 필요한 것보다 더 많은 뉴런이 생겨난답니다.

그 뉴런들은 서로 시냅스(뉴런과 뉴런 사이의 간극)로 연결되어 뇌를 만드는데, 그중에서 다른 뉴런과 연결되지 못한 뉴런은 나중에 없어지지요. 선택된 뉴런만 뇌를 만드는 데 이용되는 거지요.

처음부터 이 뉴런은 저 뉴런과 연결된다는 식으로 정해져 있지 않답니다. 점점 진행하면서 그때마다 서로 알맞은 뉴런을 선택하여 연결하는 거지요. 그래서 어떤 뉴런 사이에서

연결이 될지 미리 알기 어렵고, 이 결과 사람마다 서로 다른
연결이 나타나는 것이지요.

둘째, 한 사람이 어떤 경험을 하느냐에 따라 뉴런 사이에
연결되는 정도가 달라지지요. 서로 더 강하게 연결되는 뉴런
이 있는가 반면, 서로 연결이 약해지는 뉴런이 있지요. 여기
서도 선택이 일어나는 것이랍니다.

즉, 경험에 의해 뉴런의 선택이 일어나는 것이지요. 이러한
현상은 일생 동안 일어난답니다. 그러므로 유전자가 똑같은
사람이라고 해도 그 사람의 경험이 다르면 다른 모습의 뇌가
만들어지지요. 사람마다 자기의 환경에 맞춤식으로 뇌가 만
들어지는 것이지요.

셋째, 뉴런의 집단끼리 서로 선택적으로 연락이 이뤄지고,

경험에 따라 서로의 연결이 강해지거나 약해진다는 것입니다. 사실 이 생각이 내 이론의 가장 중요한 점이기도 하지요. 뇌의 뉴런은 홀로 작용하는 것이 아니라 집단으로 모여 작용한답니다.

이러한 현상은 실험적으로 증명되었지요. 눈의 망막 일부분에 빛을 비추면 그와 관련되는 뇌의 뉴런 집단이 동시에 활동을 하는 것으로도 알 수 있지요.

어쨌거나 밖에서 자극이 주어지면 한 집단의 뉴런만 반응하는 것이 아니라 다른 집단의 뉴런도 반응이 일어나지요. 그 이유는 뉴런의 집단은 서로 연결되어 신호가 오고 가기 때문이지요. 그런데 모든 뉴런 집단이 서로 연락을 주고받는 것이 아니라, 연락이 잘 오고 가는 집단이 있는가 하면 그렇지 않은 집단도 있지요. 이렇게 서로 연락을 주고받으면서

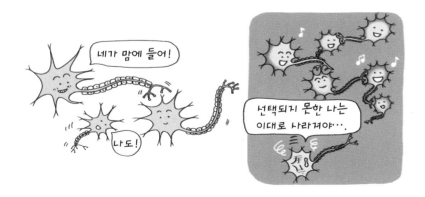

반응을 나타내는 것이지요.

뉴런 집단끼리 연락을 주고받으며 서로 강한 연결이 생기기도 하고 연결이 약해지기도 하며, 또 없어지기도 하는 것이지요. 이러한 선택은 한 사람의 경험에 따라 아주 여러 가지로 나타나는 거지요. 그래서 뇌 안에 있는 뉴런 집단 간의 연결은 변하고, 뇌의 각 부분이 하는 일이 변할 수 있는 거랍니다.

여러분은 내 이야기를 들으면서 '아, 어렵다!'고 생각할 것이 분명합니다. 하지만 여러분은 아마 '아, 뇌는 변할 수 있는 거구나!', '뇌는 컴퓨터와 같이 변하지 않는 게 아니구나!'라는 사실을 충분히 알 수 있었을 것입니다.

이렇게 우리의 뇌는 각자가 어떻게 살아왔는지에 따라 크게 달라진답니다. 이런 생각도 들어요. 우리가 어떤 분야에서 성공하기 위해 부단히 노력한다는 것은 뇌 안에서 그에 알맞도록 뉴런 집단의 선택이 일어나게 하는 것일지도 모른다고요.

한국에는 김연아라는 유명한 피겨스케이팅 선수가 있지요. 나도 TV에서 김연아 선수가 스케이팅 하는 모습을 보았답니다. 김연아 선수가 하루에 8시간 스케이트를 타며 연습한다는 인터뷰를 본 기억도 나요. 김연아 선수의 뇌는 분명 우리와는 다를 것입니다. 많은 시간을 연습하는 과정에서 분명 뇌의 뉴런과 뉴런 사이의 연결이 스케이트를 잘 타도록 변했을 것입니다. 뇌 안에서 그에 맞도록 선택이 일어났을 것이기 때문입니다.

우리가 자라오면서 어떤 환경에서 어떤 경험을 하였는지에 따라 뇌가 달라질 수 있다면 사람의 뇌와 같은 컴퓨터를 만든다는 희망은 사실상 어렵다는 사실을 여러분은 느꼈을 것입니다. 오랜 시간에 걸쳐 경험과 유전이 어우러져 만들어 내는 인간의 뇌는 인공적인 뇌로 흉내 낼 수 없는 우리 사람만의 뇌이니까요.

인공적으로 만들 수 없는 뇌

인공적인 뇌가 인간의 뇌를 따라올 수 없는 이유를 좀 더 이야기해 볼게요. 이 이야기는 내가 2008년 한국을 방문했을 때 강연회에서 말하기도 했었지요.

피아노 연주를 생각해 보도록 해요. 피아노를 연주하기 위해서는 악보를 읽으면서 혹은 암기한 악보에 따라 어느 건반을 얼마나 세게 쳐야 할지를 결정해야 되지요. 단순히 악보에 해당하는 건반을 누르는 게 아니라 건반 하나하나에 자신의 음악적 해석과 감정을 실어서 연주해야 합니다. 그러한 섬세한 조절은 인공 컴퓨터로는 불가능하지요.

또한 한 사람의 악기 연주는 그 사람의 경험과 감정이 어우러질 수밖에 없기 때문에 청중을 감동시키는 아름다운 피아노 연주는 오로지 인간만이 할 수 있는 거랍니다.

그리고 우리의 뇌는 상상력을 가지고 있지요. 과거와 현재를 바탕으로 미래를 상상한다는 것은 인공적인 뇌로는 정말 상상하기 어려운 기능이지요. 이러한 생각은 내가 한국을 방문하였을 때도 이야기했답니다.

뇌 안에서 일어나는 선택 작용을 마음에 적용해 본다면 어떨까요? 마음은 우리 뇌 안에서 일어난 선택 작용에 의해 뇌 안에 깃들여지는 것이라고 할 수 있지요. 아직 마음의 정체에 대해서는 확실히 알 수는 없지만요. 앞에서 우리의 의식이라는 것에 대해 생각을 했었지요. 호수의 모습을 보는 것과 그것에 반응하는 것에 대해서요. 이것 또한 뇌 안에서 일어난 선택에 의해 달라지는 게 아닐까요?

이러한 생각을 하다 보면 프랑스의 유명한 철학자인 데카르트(René Descartes, 1596~1650)의 생각과 나의 생각이 다르다는 것을 느껴요. 데카르트가 무슨 생각을 했냐고요? "나는 생각한다. 고로 존재한다."라는 유명한 말을 남겼지요.

데카르트는 세상을 물리 법칙을 따르는 물질적 세계와 부피가 없으며 물리 법칙을 따르지 않는 세계가 있다고 하였지요. 그렇다면 마음은 어디에 속할까요? 마음은 두 번째 세계에 속하지요. 이러한 생각에 따르면 마음은 우리 몸과 전혀

과학자의 비밀노트

데카르트(René Descartes, 1596~1650)
프랑스의 대표적 근세 철학자이자 수학자이다. 방법적론적 회의를 거쳐 철학의 출발점으로서 제1 원리인 '나는 생각한다, 고로 나는 존재한다' 의 명제를 선언하여, 근대 이성주의 철학의 정초를 닦았다. 수학자로서는 처음으로 방정식의 미지수에 x를 쓴 것으로 유명하다. 주요 저서로는 《방법 서설》과 《제1 철학에 관한 성찰》이 있다.

관계가 없는 세계에 있게 되지요. 그러므로 마음은 과학으로 연구할 수 없는 곳에 있게 되고요. 마음은 자연과 관계없는 존재가 되지요.

하지만 우리는 지금까지 마음과 뇌를 구분하여 생각하기 어렵다는 것을 알았지요? 나는 이러한 생각을 《신경 과학과 마음의 세계》라는 책에서 '마음을 자연으로 되돌려 놓기'라는 단원에서 길게 이야기했지요.

마음을 몸과 분리하지 않고 생각하면 자연히 우리의 의식도 뇌와 분리되어 생각할 수 없지요. 물질적 세계에 속하는 뇌와 물질적 세계에 속하지 않는 의식을 함께 생각할 수밖에 없는 것이지요. 우리는 흔히 물질적 세계를 연구하는 학문을 자연 과학이라고 해요. 그리고 물질적 세계가 아닌 세계를 연구하는 학문을 인문학이라고 하지요. 철학이 그 대표적인 학문이지요.

우리가 학문을 자연 과학과 인문학으로 나누는 것은 데카르트의 영향이 크다고 봐요. 그리고 이 두 가지 학문이 서로 관계가 없는 거라고 생각하기도 했지요. 정말 그럴까요?

그런데 마음이 그러하듯이 의식이라는 것도 물질적 세계인 뇌와 따로 생각할 수 없다는 점을 고려하면 두 세계에 대한 학문은 서로 관련이 없다고는 말할 수 없지요. 서로 사이좋

게 악수할 수 있다는 것이지요. 나는 이러한 생각을 최근에 쓴 《세컨드 네이처》라는 책에 펼쳐 놓았지요. 여러분이 좀 더 자라면 그 책을 보도록 해요. 뇌에 관한 여러분의 생각을 더 넓혀 줄 것입니다.

과학은 참 눈부신 발전을 하였지요. 갈릴레이(Galileo Galilei, 1564~1642)가 "지구는 돈다."라고 주장한 이래 근대 과학은 수백 년간 눈부신 발전을 거듭하였지요. 그 결과 오늘날 은하와 별, 행성을 포함한 넓은 우주로부터 유전자 등 아주 작은 세계에 이르기까지 그 안에서 일어나는 일의 원리를 과학을 통해 설명할 수 있게 되었지요.

그러나 이와 같은 현대 과학이 아직까지도 손을 대지 못한 부분이 있었으니 바로 뇌에서 일어나는 의식의 문제랍니다. 지금까지 인문학자들이 주로 이것을 연구하였지요. 하지만 이제 뇌 과학에서도 이를 연구함으로써 의식이 무엇인지 밝힐 때가 되었답니다.

나는 지금도 '스크립트'라는 뇌 과학 연구소에서 40여 명의 연구원을 이끌며 연구를 계속하고 있지요. 연구소의 규모가 작다고요? 나는 결코 작다고 생각하지 않습니다. 연구에서는 창의적이고 자유로운 사고가 가장 중요하다고 생각하기 때문입니다.

만화로 본문 읽기

뇌를 건강하게

뇌가 건강해야 몸이 건강하고 마음이 건강합니다.
뇌도 몸과 마찬가지로 건강을 보살펴야 하는 이유이지요.
어떻게 하면 건강한 뇌를 가질까요?

마지막 수업

뇌를 건강하게

에덜먼이 조금 아쉬워하며
마지막 수업을 시작했다.

뇌의 건강을 해치는 스트레스

내가 수업을 시작한 게 엊그제 같은데 어느덧 마지막 시간
이 되었습니다. 그동안 우리는 뇌에 관해 많은 이야기를 했
습니다. 뇌가 어떻게 생겼으며, 마음은 어디에 있고, 왜 마음
은 서로 다른지, 그리고 우리는 어떻게 느끼고 움직이는지를
제법 긴 시간 동안 이야기했지요.

이제 우리는 뇌가 얼마나 중요한 기관인지 알게 되었습니
다. 뇌는 우리의 마음이 살고 있는 집이기도 합니다. 그러므

로 우리가 건강하게 살아가려면 뇌가 건강해야 한다는 것은
아주 당연한 생각입니다.

보통 우리가 건강한 몸을 갖기 위해서는 몇 가지 지킬 일이
있지요. 음식물을 알맞게 섭취하고, 운동을 하며, 스트레스
를 적게 받고, 휴식을 하며……. 건강한 뇌를 갖는 방법도 이
와 크게 다르지 않답니다.

요즈음은 풍요로운 시대입니다. 먹을 것도 많고, 입을 옷도
많고, 집안에 각종 전자 제품도 많습니다. 휴대 전화도 거의
대부분 가지고 있으며, 자가용이 있는 집도 많습니다. 하지
만 마음이 풍요로운 시대는 아니랍니다.

사람들은 좀 더 편리하게 살기 위해 각종 기기들을 발명했지요. 하지만 이상하게도 우리가 사는 것은 옛날보다 더 시간이 없고 바쁩니다. 마음은 더 삭막합니다. 또 세상은 얼마나 빠르게 변하는지, 자고 나면 세상이 바뀌는 것 같습니다.

가끔 '느리게 사는 것이 어떨까?'라는 생각을 해 봐요.

옛날에는 아주 느리게 살았어요. 자연과 더불어 살았으니까요. 늘 그대로인 자연 속에서 천천히 살았지요. 지금처럼 허둥지둥 바삐 살 이유가 없었지요. 학교도 없고 회사도 없고, 먹을 것을 같이 구해 나눠 먹으면서 네 것 내 것 할 것 없이 살았지요. 그래서 스트레스가 지금보다 덜했을 것이고 언제나 하늘과 나무, 새, 맑은 물이 그들의 친구였을 겁니다. 지금보다는 분명히 맑은 마음으로 살았을 겁니다. 물론 생활은 더 불편했을 테지만요.

스트레스에 대해 많이 이야기하는 까닭은 현대인의 뇌 건강을 가장 위협하는 요소가 바로 스트레스이기 때문입니다. 스트레스가 심하니 뇌가 건강하지 못하고, 정신적인 질병이 많이 나타나지요.

지난번 수업에서도 이야기했지요. 자랄 때 스트레스를 많이 받으면 뇌의 발육이 나빠진다고요. 뇌 발육이 나빠지면 뇌 활동에 이상이 생겨 정신적인 질병이 나타날 확률이 높아지지요. 특히, 자랄 때 사랑을 받지 못하고 학대를 받을 경우 그것이 심한 스트레스가 된답니다. 스트레스를 받은 어린이는 뇌 발육에 나쁜 영향을 받지요.

실제로 쥐를 대상으로 실험을 하여 이러한 사실이 증명되었지요. 어릴 적에 어미로부터 떼어 놓고 혼자 자라도록 한 쥐는 그렇지 않은 쥐에 비해 뇌가 훨씬 덜 발달한다는 사실이 밝혀졌지요. 그런 뇌를 가진 쥐는 또 다른 스트레스에 견디는 힘이 약해지고, 그래서 더욱 정신적인 불안감을 갖고 살아간다고 생각합니다.

사람도 마찬가지지요. 그래서 뇌의 건강을 생각할 때 먼저 사랑이라는 말을 떠올리게 된답니다. 모든 정신적인 질병은

사랑 부족에서 온다는 말이 있지요. 사랑을 받지 못하면 뇌 세포의 발달이 떨어지면서 정신적인 질병을 불러온다는 것이지요. 그러므로 건강한 뇌를 가지려면 서로 사랑하는 것이 중요하답니다. 스트레스 이야기를 하다가 갑자기 사랑에 대한 이야기가 나오니 좀 어리둥절하지요?

하지만 사랑을 받지 못하는 일이 얼마나 큰 스트레스인지를 생각한다면 이해가 갈 것입니다.

여러분의 학교에 일명 왕따인 친구가 있나요? 왕따 친구는 그 일로 큰 스트레스를 받고 있을 것입니다. 그러므로 친구 중에 왕따가 있다면 여러분은 친구가 되어 주려고 노력해야 합니다. 그것이 그 친구의 스트레스를 줄여 주는 길이고, 여러분 자신은 사랑함으로써 더 큰 보상을 받게 될 것입니다. 그러면 그 친구의 뇌도 건강해지고, 여러분의 뇌도 건강해지는 것입니다.

뇌의 건강을 해치는 약물

여러분은 '마약' 이라는 말을 들어보았나요? 많은 사람들이 정신적인 불안이나 공허함을 이기지 못해 마약에 빠져듭니다. 마약이란 무엇인가요? 대부분 뇌의 신경 전달 물질과 비슷한 일을 한답니다. 지난번에 잠깐 설명하였을 것입니다. 뇌의 뉴런과 뉴런 사이에는 조그만 틈이 있고, 그 틈을 신경 전달 물질이 연락병 노릇을 한다고요. 그리고 어떤 신경 전달 물질이 전달되느냐에 따라 뇌에서 일어나는 일이 달라진다고요.

우리 뇌에는 100여 가지의 신경 전달 물질이 있는 것으로 알려져 있답니다. 그중에서 몇 가지만 이야기해 보겠습니다. 노르아드레날린이라는 물질이 있습니다. 우리가 긴장하거나 화가 나면 많이 분비되는 물질입니다. 노르아드레날린이 많이 분비되면 혈압과 혈당이 올라가고 얼굴이 붉어지는 등의 신체적인 증상이 나타납니다. 기분이 불안해지고, 긴장 상태가 되지요. 과도한 두려움과 불안감에 시달리게 되는 공황 장애라는 증상도 노르아드레날린이 지나치게 많이 분비될 때 나타나는 것으로 생각되고 있습니다.

도파민이라는 물질도 있습니다. 도파민은 뇌의 활동을 촉진합니다. 그래서 의욕이 넘치고 창의적이 되지요. 세로토닌이라는 물질도 있지요. 세로토닌은 기분을 평화롭게 하는 물질입니다. 이렇게 마음의 상태는 뇌에서 분비되는 신경 전달 물질에 따라 달라진답니다.

그런데 신경 전달 물질과 비슷한 기능을 하는 마약을 먹으면 뇌에 혼란이 일어난답니다. 그래서 평소에는 느끼지 못한 황홀감 같은 것이 일시적으로 나타날 수 있지요. 하지만 대부분의 마약은 뇌에 혼란을 가져오기 때문에 일시적으로는 좋은 기분을 느낄지 몰라도, 계속하여 복용하거나 주사하면 뇌는 점점 건강을 잃어 가게 된답니다.

여러분은 금단 증상이라는 말을 들어보았는지요. 금단 증상이란 마약을 항상 몸에 받아들이던 사람이 그것을 중단했을 때 일시적으로 일어나는 신체적·정신적 혼란 증상을 말한답니다. 금단 증상이 일어나는 까닭은 우리의 뇌가 마약에 적응되어 있기 때문입니다. 그래서 마약을 중단하면 뇌가 그 마약을 원하기 때문입니다. 그런데 마약이 들어오지 않으니 뇌는 혼란에 빠지는 것이죠. 뇌가 혼란에 빠지니 몸에 각종 증상이 나타나는 것입니다.

담배도 일종의 마약으로 분류되고 있답니다. 담배에는 니코틴이라는 물질이 있는데, 이 물질도 신경 전달 물질처럼 행동합니다. 그래서 담배 역시 뇌 활동에 영향을 미치므로 한 번 피우기 시작하면 끊기가 어렵습니다. 다른 마약처럼 뇌에서 담배를 원하기 때문입니다. 늘 들어오던 니코틴이 들어오지 않으면서 뇌가 혼란에 빠지는 것입니다. 그러다가 다시 니코틴이 들어오면 뇌가 편안함을 느끼지요. 그러나 담배는 폐암이나 각종 암의 원인이 되기 때문에 건강에 아주 좋지 않습니다. 뇌의 건강, 나아가 우리 몸의 건강을 위해서도 담배는 손대지 않는 게 좋답니다.

커피는 마약이 아니지만 카페인이라는 성분이 들어 있어 뇌의 활동에 영향을 줍니다. 다른 마약류처럼 심하지는 않지만 커피도 중독성이 있습니다. 커피를 마시면 일시적으로 머리가 상쾌해지고 능률이 오르기도 하지만, 지나치게 많이 마시면 효과가 감소된답니다. 그래서 더 많은 커피를 마시게 되지요. 그러므로 커피도 알맞게 마시는 게 중요하답니다.

요즈음에는 우울증이라는 말을 많이 듣게 됩니다. 우울증이란 우울한 기분이 하루 종일 또는 몇 주간 계속되는 상태로, 아무것도 흥미를 가지지 못하는 심리 증상을 보입니다. 그래서 우울증에 걸리면 삶의 의욕이 없어지고, 다른 사람을 만나는 것도 싫어하게 됩니다.

　우울증은 가족이 사망하거나 입시에 실패하거나 사업이 잘되지 않는 일들이 방아쇠 구실을 하기도 합니다. 그런 일을 겪은 다음 우울증에 걸리는 예가 많아집니다. 우울증은 스스로의 힘으로 낫기 어려운 병이라고 합니다.

　우울증이 왜 생겨나는지는 정확히 잘 모릅니다. 분명한 것은 우울증이란 마음의 병인 동시에 뇌의 병이기도 하다는 것입니다. 우울증 환자의 뇌 활동 정도를 조사해 보면 정상인에 비해 확실히 활동 수준이 줄어든 것이 관찰됩니다. 뇌에 혈액도 적게 흐르고요. 이렇게 뇌의 활동이 감소하는 이유는 신경 전달 물질의 분비나 전달 과정에 이상이 생겼기 때문으로 추측하고 있습니다.

　신경 전달 물질이 마음의 상태에 큰 영향을 주는 것으로 미루어 보건대, 이러한 생각은 옳은 것 같습니다. 우울증 치료약 중에는 세로토닌이라는 신경 전달 물질이 분해되거나 흡수되지 않도록 막는 것이 있지요. 세로토닌이란 마음을 평화롭게 하는 신경 전달 물질이라고 말했지요? 이 약은 한 번 분비된 세로토닌이 곧 없어지지 않고 계속 작용하면 기분이 더 좋아질 것이라는 생각에서 만들어진 약이지요. 이 약을 먹으면 실제로 우울증이 개선된다고 해요. 이런 것으로 미루어 우울증이란 뇌의 병이기도 하다는 것을 알게 됩니다.

뇌에게 휴식을

뇌를 쉬게 하는 것이 뇌를 건강하게 만드는 가장 좋은 방법입니다. 뇌를 쉬게 하는 방법 중 하나는 취미 생활을 즐기는 것입니다. 음악을 듣는다거나 운동을 한다거나 등산을 하는 것은 뇌로 하여금 쉴 수 있는 시간을 주기 때문에 뇌 건강에 좋습니다.

여러분이 운동할 때를 생각해 보기 바랍니다. 운동할 때는 다른 일이 잘 생각나지 않습니다. 오직 운동에만 전념하는 경우가 많습니다. 축구를 한다고 생각해 봐요. 공을 따라 뛰다 보면 걱정하던 일을 모두 잊어버리게 됩니다. 그래서 운동을 하면 걱정하던 일을 잠시 잊을 수가 있게 됩니다.

운동을 하면 근육이나 심장 같은 부분만 건강해지는 것이 아니라 마음도 건강해집니다. 마음이 건강해진다는 것은 뇌가 건강해진다는 말과 같습니다. 그러므로 일부러 시간을 내어 운동하는 것은 매우 중요한 일입니다. 그렇지 않으면 끝

내 운동을 하지 못하게 됩니다.

잠도 뇌의 휴식에 아주 중요합니다. 잠을 자는 동안 뇌에 들어온 온갖 정보가 정리됩니다. 그래서 잠을 자고 일어나면 머리가 맑아지는 것을 느낄 수 있습니다. 잠이 오지 않아 잠을 설친 다음 날에 머리가 혼탁함을 느끼는 것은 잠의 필요성을 잘 말해 줍니다.

성인의 경우 하루 6~8시간 정도의 잠이 필요합니다. 여러분도 8시간 정도 자야 합니다. 그러므로 잠을 자지 않고 공부하는 것은 그다지 좋은 방법이 아닙니다. 잠을 알맞게 자고, 깨어 있을 때 정신을 집중하는 것이 효과가 좋답니다. 공부는 하루 이틀 하고 그만두는 게 아니기 때문에 알맞게 잠을 자는 것이 장기적으로는 더 공부에 도움이 됩니다.

전날 잠을 제대로 자지 못했다면 낮에 짧게라도 낮잠을 자는 것이 좋습니다. 그래서 뇌를 쉬게 하여야 공부가 잘됩니다. 우리 뇌도 휴식이 필요한 것입니다.

이제 수업을 모두 마칠 시간이 되었습니다. 시간이 참 빠르게 느껴집니다. 나뭇잎이 푸를 때 수업을 시작했는데 어느덧 하나둘 울긋불긋 물들기 시작했네요.

수업을 준비하면서 어떤 이야기로 마무리해야 할지 한참 망설였습니다. 그러다가 아무래도 마음에 대한 이야기가 좋겠다는 생각을 했습니다. 뇌에 대한 탐구는 결국 마음에 대한 탐구라는 생각에서입니다.

현대에 정신적인 질병이 많은 까닭은 분명 사랑이 부족하기 때문일 것입니다. 모두 자기 일에 바쁘다 보니 다른 사람을 돌아볼 겨를이 없는 것이지요. 또 지나친 경쟁이 살아가는 일을 아주 피곤하게 하지요. 학교에서는 더 좋은 성적을 얻어야 하며, 남보다 더 좋은 대학에 가야 하고, 사회에 나가서는 더 많은 것을 가지려 하며, 더 높은 자리를 차지하려고 하고……. 늘 '남보다 더'를 생각하다 보니 마음이 메마르고 사랑할 마음이 남아 있지 않은 것이지요.

우리 모두 마음의 건강을 되찾는 일이 시급합니다. 건강한 마음을 되찾으려면 남과 더불어 살아가려는 마음이 필요합니다. 남을 배려하고 존중하며, 남에게 사랑을 베풀면 우리의 마음 또한 건강해지고 풍성해집니다.

마음은 사랑이 사는 집이라고 생각합니다. 그곳에 이기심과 욕심과 미움을 채우면 마음은 병이 듭니다. 마음에 사랑이 가득할 때 마음은 아름다워지고 건강해집니다. 마음이 건강할 때 우리 뇌에는 활력이 넘치게 하는 신경 전달 물질이 흐르게 됩니다. 그러면 뇌는 더 즐겁게 일하며 건강하게 변해 가는 것입니다.

뇌는 오늘도 우리의 경험에 따라 계속 변해 가고 있답니다.

만화로 본문 읽기

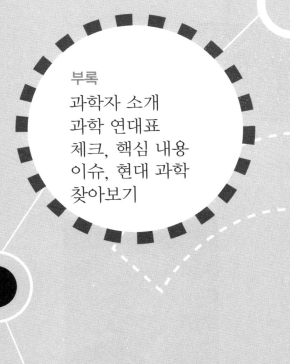

부록

과학자 소개
과학 연대표
체크, 핵심 내용
이슈, 현대 과학
찾아보기

뇌 과학 연구의 선봉
에덜먼 Gerald M. Edelman, 1929~

뇌 과학 분야의 세계적인 석학인 에덜먼은 1929년에 미국 뉴욕에서 태어났습니다. 1954년 펜실베이니아 대학교 의학 박사 학위를 받은 후, 항체의 화학적 구조를 밝힌 공로로 1972년 포터와 노벨 생리 · 의학상을 공동 수상하였습니다.

1960년부터 록펠러 대학교 의학부의 조교수 · 부교수 · 정교수를 지내고, 1975~1976년 록펠러 대학교 총장을 역임한 바 있으며, 지금은 스크립트 뇌 과학 연구소를 운영하며 활발한 연구 활동을 하고 있습니다.

에덜먼은 사람이 어떻게 의식을 갖게 되는지에 대해 가장 깊이 연구한 학자로 알려져 있고, 《신경 과학과 마음의 세계》(1992), 《뇌는 하늘보다 넓다》(2006) 등을 집필하였으며 우리나라에도 번역 출간되었습니다.

초기에는 면역 체계에 대해 연구하여 노벨상을 받기도 하였지만, 면역학 분야 외에 다른 분야도 연구하고 싶어서 나중에는 뇌 과학으로 연구 분야를 바꿨습니다.

2009년 9월 우리나라를 방문하여 기자 회견을 하기도 했습니다. 기자 회견에서 자신의 연구소에서 연구하는 분야에는 음악이 두뇌에 미치는 영향, 파리의 수면법과 더불어 슈퍼컴퓨터를 통한 뇌 모델링 장치 등을 개발하고 있다고 말했습니다.

그는 "한국은 이미 기술적으로는 첨단을 달리고 있지만, 기술은 항상 기초 과학이 뒷받침돼야 한다."라면서 "젊은이들이 의과 대학에만 진학할 것이 아니라 기초 분야 연구 활동도 병행해야 한다."라고 말했습니다.

에덜먼은 인간의 뇌가 우수한 점이 상상력에 있다면 인간의 지능보다 뛰어난 인공지능을 만드는 것은 불가능하리라고 예견하였습니다. 또한 사람은 실수를 통해 배우지만, 컴퓨터는 실수를 하면 다운된다는 점이 인간의 뇌와 컴퓨터의 다른 점이라며 계산 능력만을 가진 컴퓨터가 인간의 뇌와 같은 능력을 발휘하기 어렵다고 하였습니다.

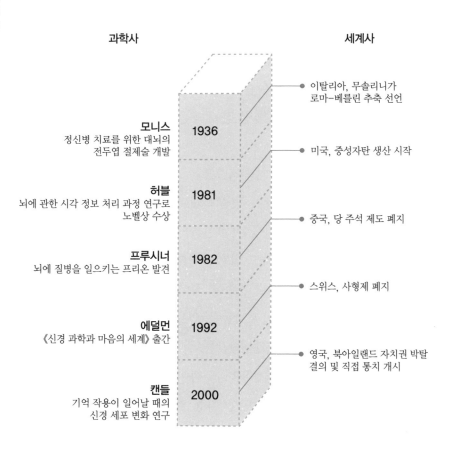

과학사

세계사

● 이탈리아, 무솔리니가
로마-베를린 추축 선언

모니스
정신병 치료를 위한 대뇌의
전두엽 절제술 개발

1936

● 미국, 중성자탄 생산 시작

허블
뇌에 관한 시각 정보 처리 과정 연구로
노벨상 수상

1981

● 중국, 당 주석 제도 폐지

프루시너
뇌에 질병을 일으키는 프리온 발견

1982

● 스위스, 사형제 폐지

에덜먼
《신경 과학과 마음의 세계》 출간

1992

● 영국, 북아일랜드 자치권 박탈
결의 및 직접 통치 개시

캔들
기억 작용이 일어날 때의
신경 세포 변화 연구

2000

1. 사람의 신경계는 ☐ 와 ☐☐, 말초 신경으로 되어 있습니다.
2. 사람의 생명을 유지하는 데 필요한 활동을 조절하는 뇌의 부분은 ☐☐ 입니다.
3. 신경 세포를 ☐☐ 이라고 하며, 신경 세포에는 ☐☐ 돌기라는 기다란 꼬리 부분이 있습니다.
4. 감정과 본능에 관계되는 뇌의 부분을 대뇌☐☐☐ 라고 합니다.
5. 기억을 분류하고 저장하는 데 주로 관계하는 대뇌변연계의 부분은 ☐☐ 라고 알려져 있습니다.
6. 감각기는 자극을 수용하지만 이를 느끼고 해석하는 곳은 ☐☐ 입니다.
7. 경험과 뇌의 변화에 대해 에덜먼이 주장한 이론은 신경 ☐☐☐☐ 입니다.

뉴런의 돌기에 새겨지는 기억

우리는 많은 정보를 받아들이는데, 그 정보는 대개 시각이
나 청각에 의해 들어옵니다. 시각과 청각 기관을 통해 들어
온 정보는 필요에 따라 기억하게 됩니다. 그렇다면 정보는
어디에 어떤 형태로 기억될까요? 기억의 원리는 아직 많은
부분이 미지의 세계로 남아 있습니다.

그러나 최근 일본 생리학 연구소의 연구팀은 생쥐의 해마
에 있는 뉴런을 조사해 이런 의문을 해결할 실마리를 찾아내
었습니다.

뉴런과 뉴런 사이에는 시냅스라고 하는 작은 틈이 있는데,
신호 전달이 더 잘 일어나도록 시냅스가 변한다고 합니다.
시냅스에서 정보를 받아들이는 쪽의 수상 돌기에는 작은 가
시 돌기가 많이 돋아 나 있고, 이를 통하여 다른 뉴런에서 오
는 신호를 받아들이게 됩니다.

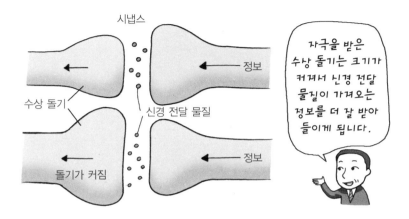

시냅스

정보

수상 돌기

신경 전달 물질

돌기가 커짐

정보

자극을 받은 수상 돌기는 크기가 커져서 신경 전달 물질이 가져오는 정보를 더 잘 받아들이게 됩니다.

이 연구팀은 수상 돌기의 크기가 자극에 따라 활발히 변하는 것을 관찰하였습니다. 자극을 받은 수상 돌기는 크기가 커지고, 그 상태가 그대로 유지하는 것을 확인하였습니다. 그리고 자극이 더 크면 수상 돌기가 더 커지는 것도 관찰하였습니다.

이러한 관찰은 기억이 수상 돌기가 커지는 변화를 통해 뇌에 새겨진다는 단서를 제공하였습니다. 우리가 한 가지를 기억하면 수많은 수상 돌기의 모양이 변하는 거죠. 그러므로 기억이란 크고 작은 다양한 수상 돌기의 조합에 의해 저장된다는 추측이 가능합니다. 기억이 어떻게 저장되는지 확실히 밝혀질 날도 머지않은 듯합니다.

찾 아 보 기

어디에 어떤 내용이?

과학자가 들려주는 과학 이야기 (전 130권)

정완상 외 지음 | (주)자음과모음

위대한 과학자들이 한국에 착륙했다!
어려운 이론이 쏙쏙 이해되는 신기한 과학수업,
〈과학자가 들려주는 과학 이야기〉 개정판과 신간 출시!

〈과학자가 들려주는 과학 이야기〉 시리즈는 어렵게만 느껴졌던 위대한 과학 이론을 최고의 과학자를 통해 쉽게 배울 수 있도록 했다. 또한 지적 호기심을 자극하는 흥미로운 실험과 이를 설명하는 이론들을 초등학교, 중학교 학생들의 눈높이에 맞춰 알기 쉽게 설명한 과학 이야기책이다. 특히 추가로 구성한 101~130권에는 청소년들이 좋아하는 동물 행동, 공룡, 식물, 인체 이야기와 최신 이론인 나노 기술, 뇌 과학 이야기 등을 넣어 교육 과정에서 배우고 있는 과학 분야뿐 아니라 최근의 과학 이론에 이르기까지 두루 배울 수 있도록 구성되어 있다.

★ 개정신판 이런 점이 달라졌다! ★

첫째, 기존의 책을 다시 한 번 재정리하여 독자들이 더 쉽게 이해할 수 있게 만들었다.

둘째, 각 수업마다 '만화로 본문 보기'를 두어 각 수업에서 배운 내용을 한 번 더 쉽게 정리하였다.

셋째, 꼭 알아야 할 어려운 용어는 '과학자의 비밀노트'에서 보충 설명하여 독자들의 이해를 도왔다.

넷째, '과학자 소개 · 과학 연대표 · 체크 핵심과학 · 이슈, 현대 과학 · 찾아보기'로 구성된 부록을 제공하여 본문 주제와 관련한 다양한 지식을 습득할 수 있도록 하였다.

다섯째, 더욱 세련된 디자인과 일러스트로 독자들이 읽기 편하도록 만들었다.